JN221213

科学の健全な発展のために

― 誠実な科学者の心得 ―

日本学術振興会
「科学の健全な発展のために」編集委員会 編

丸 善 出 版

はじめに

　科学研究は，私たちを取り巻くさまざまな事象に関して，その成り立ちや理由について真理をとらえて解明したいという，知的な好奇心や探究心からもたらされる活動です。科学研究は多くの先人たちの積み重ねによって発展してきました。科学の成果は私たちの社会生活に欠かせないものとなっており，特に近年では，科学が社会に及ぼす影響は極めて大きなものになっています。このことは科学者にとって誇らしいことであると同時に，大きな責任と期待を担っているということを意味しています。

　一方，科学研究をめぐっては，科学の持つ根源的な価値観である「真理の探究」をおろそかにするような事例が残念ながら発生しています。仮にこうした状況が続くようなことがあれば，科学への信頼は傷つき，科学の健全な発展が脅かされることになるでしょう。

　責任ある科学者は，科学の健全な発展のために，こうした事態に自ら適切に対応していく必要があります。科学研究のあるべき姿や誠実な科学者として身につけておくべき心得についてあらためて認識するとともに，後進の指導においても十分留意することが大切です。

　本書は，人文・社会科学から自然科学までのすべての分野の研究に関わる者（本書では「科学者」と称しています）が，どのようにして科学研究を進め，科学者コミュニティや社会に対して成果を発信していくのかといったことについて，エッセンスになると思われる事柄を整理しまとめたものです。本書ではそのような趣旨に沿って，第1章の「責任ある研究活動とは」に始まり，「社会の発展のために」までの全8章立ての構成になっています。その中には研究を進めるにあたって知っておかなければならないことや，倫理綱領や行動規範，成果の発表方法，研究費の適切な使用など，科学者としての心得が示されています。

　科学の発展にとって，科学者の知的好奇心を大切にして，自由な環境で研究をのびのびと行うことが大変重要です。本書では，研究に関するさまざまな規制やルール，科学研究の倫理プログラムなどを科学者が学んでいくにあたって，それらが必要以上に研究上のしがらみとなり，科学者を萎縮させることにならないようにすることが特に重要だと考えています。

　本書の編集は，科研費の助成機関でもある日本学術振興会が編集委員会を設け，特に日本学術会議の多岐にわたる協力，さらには，科学技術振興機構や各大

学に所属する有識者の協力，文部科学省のアドバイスなどもいただきながら行いました。科学研究は日々発展し変化しています。本書についても基本的な部分は今後も大きく変わることはないと思いますが，時代の変化で新たな規則が加わったり，細部にわたる心得については変わっていくこともあるでしょう。そのときには，必要に応じて本書の見直しをすることも必要だと思っています。

　本書が全国各地の研究現場で活用され，科学の健全な発展に寄与する一助となることを期待します。

2015 年 2 月

独立行政法人日本学術振興会
「科学の健全な発展のために」編集委員会

目　次

Section Ⅰ　責任ある研究活動とは ……………………………………001

1. 今なぜ，責任ある研究活動なのか？ …………………… 003
2. 社会における研究行為の責務 ………………………… 004
   2.1　科学と社会 ……………………………………… 004
   2.2　科学者の責務 …………………………………… 004
   2.3　公正な研究 ……………………………………… 005
   2.4　法令等の遵守 …………………………………… 006
   2.5　社会の中で科学者が果たす役割 ……………… 006
3. 今，科学者に求められていること …………………… 007

Column（研究不正の国際動向）…………………………… 009

Section Ⅱ　研究計画を立てる ………………………………………011

1. はじめに ……………………………………………… 013
2. 研究の価値と責任 …………………………………… 014
   2.1　研究の意義：何のための研究か …………………… 014
   2.2　研究の妥当性 …………………………………… 014
   2.3　共同研究における目的の共有 ………………… 015
3. 研究の自由と守るべきもの
   —人類の安全・健康・福祉および環境の保持— …………… 016
   3.1　守るべきもの …………………………………… 016
   3.2　人を対象とする研究において守るべきもの ……… 017
   3.3　研究環境の安全への配慮 ……………………… 017
4. 利益相反への適正な対応 …………………………… 019

5. 安全保障への配慮 ………………………………………………… 022
　5.1　機微技術などの安全保障輸出管理………………………… 022
　5.2　デュアルユース（両義性）問題………………………… 023
6. 法令およびルールの遵守 ……………………………… 025

Section III ｜ **研究を進める** ………………………………029

1. はじめに ……………………………………………………… 031
2. インフォームド・コンセント ………………………………… 032
　2.1　インフォームド・コンセントの概念と必要性……………… 032
　2.2　インフォームド・コンセントを構成する要素と手続き……… 034
3. 個人情報の保護 ……………………………………………… 037
　3.1　「個人情報」の定義 ………………………………………… 038
　3.2　連結可能匿名化と連結不可能匿名化………………………… 039
　3.3　科学者が研究を進める上での個人情報に関する責務………… 039
　3.4　人文・社会科学分野における個人情報などの取扱い………… 039
4. データの収集・管理・処理 ……………………………………… 040
　4.1　データとその重要性………………………………………… 041
　4.2　ラボノートの目的…………………………………………… 041
　4.3　優れたラボノートとは……………………………………… 042
　4.4　ラボノートの記載事項・記載方法………………………… 043
　4.5　ラボノート（データ）の管理……………………………… 044
5. 研究不正行為とは何か ……………………………………… 046
　5.1　研究不正行為の定義………………………………………… 046
　5.2　捏造，改ざんの例…………………………………………… 048
　5.3　盗用の例……………………………………………………… 049
　5.4　出典の明示…………………………………………………… 050
6. 好ましくない研究行為の回避 ……………………………… 051
7. 守秘義務 ……………………………………………………… 052
8. 中心となる科学者の責任 …………………………………… 054

Column（「日本版バイ・ドール」について） ……………………… 058

Section Ⅳ｜研究成果を発表する ……………………061

1. 研究成果の発表 ……………………… 063
   - 1.1 研究発表の重要性 ……………………… 063
   - 1.2 マス・メディアを媒介とした発信 ……………… 063
2. オーサーシップ ………………………… 064
   - 2.1 責任ある発表 ……………………… 064
   - 2.2 研究成果のクレジット ………………… 065
   - 2.3 オーサーシップと責任 ………………… 065
   - 2.4 誰を著者とすべきか ………………… 066
   - 2.5 著者リスト ……………………… 066
3. オーサーシップの偽り ………………… 067
   - 3.1 ギフト・オーサーシップ ……………… 067
   - 3.2 ゴースト・オーサーシップ …………… 068
4. 不適切な発表方法 ……………………… 069
   - 4.1 二重投稿・二重出版 …………………… 069
   - 4.2 サラミ出版 ……………………… 070
   - 4.3 先行研究の不適切な参照 ……………… 070
   - 4.4 謝辞について ……………………… 071
5. 著作権 ……………………………… 071
   - 5.1 著作権とは何か ………………… 071
   - 5.2 他人の著作物を利用するには …………… 072
   - 5.3 著作権者の了解を得る必要がない二次利用 ……………… 072

Section Ⅴ｜共同研究をどう進めるか ……………………075

1. 共同研究の増加と背景 ………………… 077
2. 国際共同研究での課題 ………………… 077
3. 共同研究で配慮すべきこと ……………… 078
4. 大学院生と共同研究の位置 ……………… 081

Column（共同研究と独占禁止法）……………… 082

Section Ⅵ　研究費を適切に使用する …………………………083

1. はじめに …………………………………………………… 085
2. 科学者の責務について …………………………………… 085
   2.1　公的研究費の使用に関するルールの理解 ……………… 085
   2.2　研究機関における研究費の適正使用の確保への協力 ……… 087
   2.3　民間からの助成金等の取扱い ……………………… 088
3. 公的研究費における不正使用の事例について ………… 089
4. 公的研究費の不正使用に対する措置等について ……… 092
   4.1　不正な使用に係る公的研究費の返還 ………………… 092
   4.2　競争的資金制度における応募資格の制限 …………… 092
   4.3　研究機関内における処分 ……………………………… 093
   4.4　その他 ……………………………………………… 093
5. まとめ ……………………………………………………… 094

Section Ⅶ　科学研究の質の向上に寄与するために …………095

1. ピア・レビュー ………………………………………… 097
   1.1　ピア・レビューの役割 ……………………………… 097
   1.2　研究論文・研究費申請のピア・レビュー …………… 097
   1.3　査読者の役割と責任 ………………………………… 099
   1.4　ピア・レビューの課題 ……………………………… 100
2. 後進の指導 ……………………………………………… 101
   2.1　メンターとしての指導責任 ………………………… 101
   2.2　博士課程の学生の指導と責任ある論文審査 ……… 103
3. 研究不正防止に関する取組み ………………………… 103
   3.1　指針・ガイドライン等の役割 ……………………… 104
   3.2　学会・専門団体の役割 ……………………………… 104
   3.3　研究機関の役割 …………………………………… 105
4. 研究倫理教育の重要性 ………………………………… 106
   4.1　専門職と職業的倫理 ………………………………… 106
   4.2　広がる研究倫理教育 ………………………………… 107

5. 研究不正の防止と告発 ················ 108
  5.1　不正に対する告発の重要性 ············ 108
  5.2　告発者の保護 ············ 108

Column（研究倫理教育：アメリカの取組み）············ 111

Section Ⅷ ｜ 社会の発展のために ············ 113

1. 科学者の役割 ············ 115
2. 科学者と社会の対話 ············ 117
3. 科学者とプロフェッショナリズム ············ 119

Reference ｜ 資　料 ············ 123

研究公正に関するシンガポール宣言 ············ 125
科学者の行動規範 ············ 128
研究公正の原則に関する宣言（仮訳）············ 131
新たな「研究活動における不正行為への対応等に関する
　ガイドライン」概要 ············ 133

索　引 ············ 135

Section Ⅰ

責任ある研究活動とは

1. 今なぜ, 責任ある研究活動なのか?
2. 社会における研究行為の責務
3. 今, 科学者に求められていること

1. 今なぜ，責任ある研究活動なのか？

　科学は，信頼を基盤として成り立っています。科学者はお互いの研究について「注意深くデータを集め，適切な解析及び統計手法を使い，その結果を正しく報告」[1]しているものと信じています。また，社会の人たちは「科学研究によって得られた結果は研究者の誠実で正しい考察によるもの」[1]と信じています。もし，こうした信頼が薄れたり失われたりすれば，科学そのものがよって立つ基盤が崩れることになります。

　しかし，残念なことに，データ捏造・改ざんなどの研究不正行為や研究費の不正使用が生じており，報道でもとりあげられています。このままでは，科学に対する信頼が揺らぎかねません。こうした状況に対して，日本における科学者[2]の代表機関である日本学術会議は，2013（平成 25）年 1 月に声明「科学者の行動規範—改訂版—」を出し，さらに同年 12 月に提言「研究活動における不正の防止策と事後措置—科学の健全性向上のために—」を公表しています。また，文部科学省においても「研究活動における不正行為への対応等に関するガイドライン」を改訂し，2015（平成 27）年度から新たなガイドラインが適用される予定です。

　本書は，こうした状況の中で，健全な科学の発展のために，科学者が理解し身につけておくべき心得についてまとめたものです。すでにこれらの多くについてご承知の科学者もおられると思いますが，最近の動向を含めてあらためて正しい知識を得ることは，科学者自身にとって意義のあることと考えます。科学の発展のためには研究の自由が何よりも大切です。研究活動に関してはさまざまな規則や規制もありますが，これらにより，あるいはこれらを誤解することにより，研究活動が萎縮してしまうことはぜひとも避けなければなりません。科学者自身が自律的に行動することにより，外部からの過剰な干渉を受けることなく，自由な研究と科学の独立性を保つことが可能になるのです。

　本書の目的もここにあります。科学者自らがあらためて誠実な研究活動のあるべき姿について積極的に学び，こうした理念に基づき

後進を育て，これにより，科学を健全に発展させ，科学に対する社会の信頼の確立につなげていきましょう。

2. 社会における研究行為の責務

2.1 科学と社会

あらためて科学と社会の関係を考えてみましょう。科学研究によって新たな発見をすることは，科学者だけの喜びではありません。科学研究は知的活動を行うことができる人類だけの営みであり，科学による新たな発見は，科学者以外の社会一般の人々にとっても関心事で大きな喜びでもあります。また，過去の多くの苦難を乗り越え，人間社会が今日の豊かさを得ることを可能にしたのは，まぎれもなく，科学が営々と築いてきた知識の体系です。これからも続けなくてはならない，より良き社会へ向けた挑戦は，今日そして将来の科学者の手に委ねられています。しかも，現代の科学が社会に与える影響はますます大きくなっており，科学と社会との関係は今後さらに強まっていくでしょう。

そもそも科学者には，真理の探究である研究活動を誠実に行う責任がありますが，科学と社会の関係がより緊密になっている中にあっては，社会からの信頼と負託を得た上で，科学の健全な発達を進めることが不可欠です。そして，このためには，社会的な理解を得られるよう，科学者自らが研究活動を律するための研究倫理を確立する必要があります。

もちろん，具体的な方法の細かい点になりますと，幅広い研究分野のすべてに当てはまる普遍的なものがあるわけではありません。研究倫理を実践する具体的な方法は研究分野によって異なる部分も多くあります。それでも，研究を誠実に行っていく上ですべての科学者が共通して持つべき価値観があります。こうした認識の下に，科学者個人の自律性に依拠する倫理として，科学者の責務，公正な研究，法令の遵守があります。

2.2 科学者の責務

社会における科学者の責務とは何でしょうか。科学者には，その英知をもって新たな発見をしたり，社会が抱えるさまざまな課題を解決してほしいという社会

からの期待があります。こうした期待に応えることが一つの責務といえるでしょう。また，その過程において公的な研究資金を使用するケースも多いだけに，そうしたものに込められた社会からの期待についても自覚しておかなくてはなりません。さらに，自分が携わる研究の意義と役割を一般に公開し，かつ積極的に分かりやすく説明すると共に，その研究が人間，社会，環

境に及ぼしうる影響や起こしうる変化を，中立性・客観性をもって公表し，社会との建設的な対話を行っていくことが求められています。

　科学はさまざまな形で社会に貢献しています。この中で科学者は，自分が生み出す専門知識や技術の質を担保する責任を持ち，さらに自分の専門知識，技術，経験を活かして，人類の健康と福祉，社会の安全と安寧，そして地球環境の持続性に貢献する責任を持っています。このため科学者は，常に正直かつ，誠実に判断，そして行動し，自分の専門知識・能力・技芸の維持向上に努め，科学研究によって生み出される知の正確さや正当性を科学的に示す最善の努力を払うことが求められます。また，科学技術と社会・自然環境との関係を広い視野から理解し，適切に行動することが求められているのです。さらに，科学者の意図に反して研究成果が悪用されるという可能性も，深刻な問題として登場しています。科学者はこのような研究の両義性についても認識しておく必要があります。

2.3　公正な研究

　科学研究は，科学者同士がお互いの研究に対して信頼できるということが前提で成り立っています。このため，科学者には誠実さをもって研究の立案・計画・申請・実施・報告にあたることが求められます。科学者は研究成果を論文などで公表することで，各自が果たした役割に応じて功績の認知を得ますが，同時に，論文の内容について責任を負っています。

　科学研究の不正行為はあってはならないものであり，科学者は，責任ある研究を実施し不正行為を防止できるような，公正を尊ぶ環境の確立と維持に向けて貢献するこ

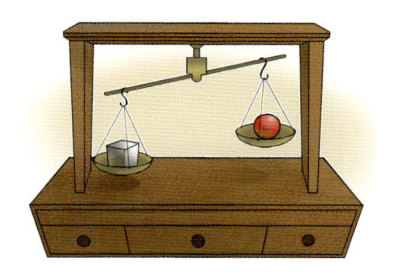

とも自分の重要な責務の一つであることを自覚し，科学者コミュニティ，所属組織，自らの研究室などにおいて，誠実な研究活動のための研究環境の質的向上と教育啓発に積極的に取り組むことが求められます。

そして，科学者は，他の科学者の研究成果や業績を正当に評価し尊重することが必要です。他の科学者の成果を適切に評価あるいは批判する一方で，自分の研究に対する批判には謙虚に耳を傾け，誠実に建設的な意見を交えることが求められます。このような過程の中では，当然のことですが，国籍，ジェンダー，年齢，地位，経歴などによるバイアスを設けず，科学的方法に基づき公平に対応していくことも重要です。また，研究に関して，個人と組織，異なる組織間，さらには個人の持つ複数の使命の間で利害が対立することもありますが，こうした際にも科学者として公正に判断することが求められます。

さらに，科学者コミュニティ，特に自分の専門領域については，科学者間で行う相互評価の場に積極的に参加していく必要があります。それができるのは，その領域の科学者だけなのです。

2.4 法令等の遵守

具体的な研究活動において，人間を被験者[3]として研究に参加させる場合には，被験者の人格，人権を尊重し，十分な説明を行い，約束を守り，不利益が利益を上回ることのないようにしなくてはなりません。また，動物を扱う研究でも，その苦痛を可能な限り抑え，彼らの貢献が無駄とならないよう，真摯な態度で臨まなくてはなりません。

こうした人間や動物を対象とした研究だけでなく，環境に影響を与えるおそれのある研究，危険物を扱う研究など，さまざまな研究活動に関して，法令や規程，ガイドラインなどが定められています。関係する科学者は前もってこれらの研究に関する規程等を熟知し，適切な訓練を受け，それを遵守する必要があります。

2.5 社会の中で科学者が果たす役割

社会が科学に対して抱く期待が何であるかを科学者自らが理解すること，またそれとは反対に，科学を社会に理解してもらうことのいずれもが重要です。このため，科学者は市民との対話と交流に積極的に参加することが求められます。また，社会のさまざまな課題を解決し，福祉を実現していくために，政策形成に有効な科学的助言をすることも科学者の使命です。その際，科学者間の合意に基づいた助言ができるよう努力する一方，意見の相違が存在するときはこれを分かり

やすく説明する必要があります。

この点については，2011（平成 23）年 3 月に起きた東日本大震災ならびに福島第一原子力発電所の事故からの深い反省があります。あの大災害は，それまで科学に寄せられていた信頼が大きく揺らぐ結果を生んでしまいましたが，科学者たちはこれを機に，謙虚さの必要性と，自らが担うべき社会とのコミュニケーションの重要性を学ん

だのです。こうした中，日本学術会議は 2013（平成 25）年に「声明」を出し，それまでの「行動規範」に関する提言に，新たに「社会の中の科学」という内容を盛り込みました。この「声明」では，科学者はただ自分たちの日頃の研究を正しく行えば事足りるとするのではなく，「社会の中の科学」という点を認識して，社会に対して各種の科学的な貢献を担っていくことを求めています。科学者は公共の福祉に資することを目的として研究活動を行い，客観的で科学的な根拠に基づく公正な助言を行う役割を担っているのです。その際の注意点として，科学者の発言が世論および政策形成に対して与える影響の重大さと責任を自覚し，権威を濫用しないようにしなくてはなりません。また，科学的助言にあたっては，その質の確保に最大限努め，同時に科学的知見に係る不確実性および見解の多様性についても分かりやすく説明することが求められています。

また，政策立案・決定者に対して科学者が科学的知見に基づいて行う助言は尊重されるべきものですが，それが政策決定の唯一の判断根拠ではないことも認識しておかなくてはなりません。その一方で，科学者コミュニティの助言とは異なる政策決定がなされた場合，必要に応じて政策立案・決定者に社会への説明を求めることも科学者の役目です。科学者以外にこの役を担える者はいないのです。

3. 今，科学者に求められていること

日本の科学が国内外からの信頼を確保して世界に貢献していくためには，何よりも研究における誠実さを確実なものにしなければなりません。そのためには，各研究機関において，研究倫理に関する研修や教育を行い，あらためて誠実な科学研究についての理解を深めることが求められます。そして，繰り返しになりま

すが，科学者自身が自律的に研究倫理の確立に取り組んでいくことこそが，科学への信頼を勝ち取り，研究活動を萎縮させることなく，科学を健全に発展させることにつながるのです。本書が，そのために資することを心より切望します。

注および参考文献

1　アメリカ科学アカデミー，池内了(訳)『科学者をめざす君たちへ　第3版』化学同人，2010（平成22）年

2　日本学術会議では職務として研究に従事する者を「研究者」と呼んでいますが，本書では，これらに加えて大学院生など研究に関わる者全般を指すものとして「科学者」を用いることにします。

3　人を対象とした実験・研究における人の呼称として，医学関係の分野では「被験者」という単語が多く使われ，一方，心理学や人類遺伝学などの分野では「研究対象者」とすることが一般的ですが，同義の言葉です。本書では，「被験者」を標準とし，心理学や人類遺伝学に焦点を当てている記述において「研究対象者」と表記することにします。

Column

研究不正の国際動向

捏造（および捏造疑惑）を理由とする科学誌からの論文撤回数は，各国で近年増加しています。これは，単に論文の全体数が増加しているということだけが理由ではありません。特に国際的一流誌といわれ，影響力の強い科学誌においては，捏造を理由とする論文撤回数の割合が，全体の撤回数の40%を超えており，盗用や重複出版といったその他の理由による撤回数と比べても明らかに増加傾向にあるといわれています。

このような背景を受け，責任ある研究文化の醸成に焦点を絞った国際的な取組みも行われています。2012年の『グローバルな研究活動における責任ある行為ポリシーレポート』インター・アカデミー・カウンシル／IAP（科学アカデミー・グローバルネットワーク）は，そのいくつかを紹介しています。まず，研究公正に関する世界会議（WCRI）が，第1回（2007年），第2回（2010年），第3回（2013年）と開催されました。第2回WCRIにおいて，研究における責任ある行為を定義した「研究公正に関するシンガポール宣言（Singapore Statement on Research Integrity）」に続いて，第3回モントリオール宣言が出されています。欧州科学財団（ESF）および全欧アカデミー（ALLEA）も，模範的な行動の定義に取り組み，研究行為に関する規範を作成しています〔研究公正に関する欧州行動規範（The European Code of Conduct for Research Integrity, ESF, 2010; ESF-ALLEA, 2011）〕。また一方で，研究費を配分する研究費助成機関の世界的組織としてGRC（Global Research Council）があり，そこでも研究不正の問題がとりあげられています。

アメリカにおいては保健福祉省（HHS）に「研究公正局（ORI）」を設置して研究公正に関する啓蒙活動や不正事案に関する調査などを行っています。このように研究不正に対する取組みは，今，世界の各種の機関や組織で行われており，「研究不正を防止する研修プログラム」の必要性が述べられています。

Section

研究計画を立てる

1. はじめに
2. 研究の価値と責任
3. 研究の自由と守るべきもの
   ―人類の安全・健康・福祉および環境の保持―
4. 利益相反への適正な対応
5. 安全保障への配慮
6. 法令およびルールの遵守

1. はじめに

　科学者が研究計画を立てることから，研究は始まります。

　何について自分が興味を持ち，やりたい事柄や目的は何か，どのような考え方や方法をとるかなどの構想がまずあり，それらが一つの研究計画として次第に成育していくプロセスがあります。研究を進めていく上で，科学者の興味からすぐに研究に取り組むことができる場合もありますが，一般的には，科学者を取り巻く環境や目的などによって，いろいろな場面に遭遇するものです。

　ここでは，ある科学者が「脳・神経科学」に興味を持ち，医学，理学，工学，など先端融合科学の分野の研究に取り組むに至るケース・スタディを通じて，研究のあり方や進め方について考えてみましょう。ここでとりあげた Brain-Machine Interface（BMI：脳と外界との情報の直接入出力を可能とする技術）は，最近，各国で研究が進められている脳科学研究分野の一つです。

　脳科学を専門とする太郎は，3年間の任期付助教として，ある大学の脳神経科学を専門とするA教授の研究室で仕事をすることになりました。学位を取得した出身大学とは全く異なる研究環境に，太郎は初めは戸惑いを覚えましたが，領域や国境を越えた共同研究を精力的に推進するA教授の研究に対する姿勢や研究室の活気ある雰囲気にも魅了され，太郎は次第に自らの研究も着実に進められるようになりました。そんなとき教授から，教授自身が数年前から企業の支援を受けながら試験的に別の大学の研究室と共同で行ってきた医工連携の研究プロジェクトを，来年度の科研費に応募することにしたので，研究プロジェクトに研究分担者として参画してもらいたいとの要請を受けました。プロジェクトの内容は，脳波測定器を使い，被験者の脳波パターンを介してロボット・アームなどを操作しようとするもので，太郎自身の研究と深く関連があり，喜んで参加することにしました。そして教授からは，勉強にもなるから申請書の作成段階から積極的に関与してもらいたいといってもらいました。太郎はこれまで連携研究者として，科研費の研究課題に参画したことはあったものの，申請書の作成段階から関与した経験はありませんでした。

　早速，太郎は科研費のHPから，申請のための書類をダウンロードしましたが，研究目的の欄で「記述すべき」とされている事柄で，次の項目に気づきました。

「当該分野における本研究の学術的な特色・独創的な点及び予想される結果と意義」

2. 研究の価値と責任

2.1 研究の意義：何のための研究か

研究計画を立案するにあたって，最初に考えなくてはならないことは，「何のための研究」であるのかということです。もちろん，科学者の知的な好奇心が，すべての研究活動の根底にあるのですが，特に現代においては，研究から生み出された知識や技術は，どのような分野のものでも，社会や環境に影響を与える可能性を持っています。日本学術会議の行動規範ではこの点について次のように述べています。

（科学者の基本的責任）
1　科学者は，自らが生み出す専門知識や技術の質を担保する責任を有し，さらに自らの専門知識，技術，経験を活かして，人類の健康と福祉，社会の安全と安寧，そして地球環境の持続性に貢献するという責任を有する。

研究を計画するにあたっては，科学と科学研究は社会と共に，そして社会のためにあるということについても念頭に置き，自らの研究が，いかに人類の健康と福祉，社会の安全と安寧，そして地球環境の持続性に貢献できるのかを真摯に考えてみましょう。

2.2 研究の妥当性

計画する研究が，修士や博士などの学位取得のためのものであれ，国際的な大規模プロジェクトのようなものであれ，研究には科学的な妥当性が必要です。研究の科学的な妥当性や独創性などを確認するためには，先行研究を入念に調査・分析することは当然ですが，関連する学協会が定める倫理綱領・行動規範などと，自分が計画している研究の目的に整合性があるかどうかも見定める必要があります。

太郎は検討の過程で，今回申請する研究課題のテーマである BMI について，この領域の

推進者らが，次の倫理 4 原則を提案していることを見つけました。

原則 1　戦争や犯罪に BMI を利用してはならない

原則 2　何人も本人の意思に反して BMI 技術で心を読まれてはいけない

原則 3　何人も本人の意思に反して BMI 技術で心を制御されてはいけない

原則 4　BMI 技術は，その効用が危険とコストを上回り，それを使用者が確認されうる
　　　　ときのみ使用されるべきである

太郎はこの原則を踏まえながら研究計画を立てることにしました。

2.3 | 共同研究における目的の共有

　また，A 教授からは，今回の研究プロジェクトには，BMI の倫理的，法律的，社会的意義に関する検討も必要なので，同じ大学の倫理・哲学系の研究室，また，日本ではまだ行われていない領域で研究を進めている海外の大学の研究グループにも参画してもらいたいといわれました。さらに，教授の研究室から，博士課程の学生と留学生にも研究チームに入ってもらおうということになりました。

　「Ⅴ．共同研究をどう進めるか」で詳しく述べますが，複数の科学者が，グループやチームで研究を行う場合には，それぞれが研究を通して何を求めるのかを十分に議論することによって，研究の意義や目的について共通の認識を持つことが大切です。最近は，研究室，研究機関，そして国境を越えた共同研究や，これまで考えられなかったような分野の壁を越えた学際的な共同研究が増えてきており，研究計画を立てる際に，関係者間の共通認識を確立することはますます重要になってきています。

　共同研究を計画する際には，「境界を越えた共同研究における研究公正に関するモントリオール宣言」[1] などを参照することも有効です。この宣言では，共同研究に参画するパートナーが，専門領域や組織の特性あるいは文化・社会的な背景が異なることを相互に確認し理解した上で，研究開始当初から当該プロジェクトの目的について十分議論し合意する必要性が述べられています。しかも，この目的が人類の利益（the benefits of humankind）のための知識を増進することを目指さねばならないことも明記され

共通認識!!

ています。研究の進捗状況によって，目的を変更する場合にも，その都度，関係者間で協議し，共通認識にしていくことが大切です。

さらに，データや知的財産権の帰属，成果を発表する際の意思決定の方法，筆頭著者や共著者等のオーサーシップや謝辞等のクレジットの決め方についても，計画の初期段階ですべての科学者が合意していることが必要です。

3. 研究の自由と守るべきもの—人類の安全・健康・福祉および環境の保持—

3.1 守るべきもの

科学研究が，その成果によってこれまで人間社会に与えてきた恩恵には計り知れないものがあります。そして，今日の科学者はこの活動を推進し続ける責務を担っています。その中で，研究の自由が保障されることは基本的要件です。

しかし，科学研究の名の下に何をやってもよい，ということではありません。研究の自由は，守るべきものを守る義務と責任を果たしてこそ保障されるものであることを忘れてはいけません。では，「守るべきもの」とは，どのようなものでしょうか。

一言でいえば，科学は，人類の健康と福祉，社会の安全と安寧，そして地球環境の持続性に貢献することが望まれており，研究ではこれらの価値を守ることが期待されています。社会の安全を脅かすような研究を計画することは許されないのです。

太郎たちの研究プロジェクトは，最終的には，筋萎縮症などが原因で通常に意思疎通ができない人たちが，脳波を通じてコミュニケーションをとったり，機器の使用ができるようになる，という目的を持っています。しかし，そこに至るまでには，多くの人の協力が必要です。こうした研究を進める上で守るべきことは何でしょうか。

例えば，科研費の申請書の中には，「人権の保護及び法令等の遵守への対応」という欄があり，そこには，「……相手方の同意・協力を必要とする研究，個人情報の取り扱いの配慮を必要とする研究，生命倫理・安全対策に対する取り組み

を必要とする研究……が含まれている場合に，どのような対策と措置を講じるのか記述してください」という指示があります。そして，対策・措置をとるべき対象として次のものが挙げられています。

- ・人権の保護
- ・インフォームド・コンセント
- ・個人情報の守秘
- ・生命倫理に関連する法令などの遵守
- ・安全に関連する法令の遵守
- ・倫理審査委員会における承認

3.2 | 人を対象とする研究において守るべきもの

上記の科研費申請書の例を見ても分かるように，人を対象とする研究に関しては，そうでない研究に比べ，より多くの「守るべきもの」や，より厳格な規範があります。例えば，世界医師会（WWA）の「ヘルシンキ宣言」には，「科学的要件と研究実施計画書」の章が設けられ，次のような事柄が述べられています[2]。

> まず，人を対象とする医学研究は，一般的に受け入れられている科学的原則に従ったものでなければならず，先行研究を綿密に検討し，研究室での十分な実験と，妥当な場合は，十分な動物実験を行った上で，実施されなければならない（なお，研究に使用される動物の福利が考慮されなければならない。）。また，人を対象とする研究のデザインと実施方法は，その正当性を示した上で，研究実施計画書の中に具体的に記述されなければならない。

今日，医学やそれに関連する領域の学術誌は，「ヘルシンキ宣言」の倫理規範の枠内で遂行された研究であることを投稿の条件としています。したがって，そうした領域の研究計画を立てるにあたっては，「ヘルシンキ宣言」に含まれる原則を倫理的に配慮すべき事柄として十分理解をしておく必要があります。

ベルモント・レポートの倫理原則や「ヘルシンキ宣言」を基にして，より具体的な指針を示したものとして，2002年に国際医科学団体協議会（CIOMS）が定めた「人を対象とする生物医学研究の国際倫理指針」もあります。

3.3 | 研究環境の安全への配慮

研究を行う上で守るべきものとしてさらに，「研究環境の安全」があります。科研費の申請にも，「安全に関する法令の遵守」について，事前にどのような方

策をとるのかを記述する欄があります。

　太郎は，脳神経科学の研究を中心に行ってきたので，被験者の人権の保護や個人情報の取扱いについては，ある程度の知識と経験はありますが，「安全」についてはほとんど知りません。特に，工学系の研究における安全の問題についてはよく分からないので，大学の安全委員会に問い合わせることにしました。

　研究計画を策定するにあたっては，自分自身の安全はもちろんのこと，研究分担者や研究に協力してくれる人々（学生を含む）の安全を守る配慮が必要です。安全に関して配慮すべき対象および内容は，研究分野ごとに異なります。

　太郎が大学の安全委員会から学んだことの一つは，彼が関わる研究プロジェクトの場合，ロボット・アームの誤作動などで，被験者および実験者が怪我をするリスクを想定する必要があり，また，非侵襲の脳波測定とはいえ，被験者への負担を考慮する必要があるということでした。このような安全上のリスクだけでなく，太郎はどのようなリスクを想定する必要があるのでしょうか。

　研究を実施する上での安全上のリスクには，さまざまなものがあります。特に，分野を越えた共同研究を行う場合には，それまで自身では経験したことのないような材料や装置を扱うこともあります。研究計画を練る段階で，技術系の職員を含む経験のある人たちと，想定される安全上のリスクを洗い出し，可能な限りの対応をする努力が必要です。

　多くの実験系の研究では，薬品などの化学物質を使用します。ある調査では，むしろ化学系以外の研究室で，化学物質に関連する事故が起こる場合が多いとされています。化学物質を安全に使用するためには，化学物質の危険性を十分理解し，関連する法令について知識を得ておく必要があります。

　化学物質の中でも，特に，放射性物質の取扱いには，専門知識に基づいた十分な知識と注意が必要です。放射線に関する基礎的な知識を有し，人体への影響や被ばく線量限界などについて理解した上で，放射線や放射性同位元素を安全に取り扱うノウハウを身につけなければなりません。

　一方，ライフサイエンス研究の急速な活発化に伴って，人体や環境に有害

な生物体を扱う研究室も増えてきました。いわゆるバイオハザードやバイオセーフティに関わる問題については，生物体を実際に扱う研究室の関係者だけでなく，近隣の研究室の関係者や大学の関係職員も知識を有しておく必要があるでしょう。

　この他，重量物の運搬や保管など，法令等で定めがなくても注意を要するものがあるので，大学などのルールにも目を通すようにしてください。

4.　利益相反への適正な対応

　さて，A 教授の経歴によると，BMI 技術を使ったゲーム機会社のコンサルタントを務めており，大学でも兼業として認められていることが分かりました。その会社が今回のプロジェクトに関心を示し，研究費として毎年 1,000 万円を寄付する一方，社員を研究協力者としてプロジェクトに加えて欲しいと打診してきました。A 教授は，この申し出を受けてよいのでしょうか。その場合，太郎は申請書にどのように記載すればよいのでしょうか。

科学研究と産業が密接に連携する今日の社会において，科学者は複数の役割を担う状況が生まれています。例えば，大学に正規のポストを持ちながら，企業のコンサルタントを務める，あるいは自ら起業し経営者としての顔を持つ科学者もいるでしょう。これらの複数の役割の間で，経済面での利益や損失などの利害関係が生じるとき，科学にとって最も重要

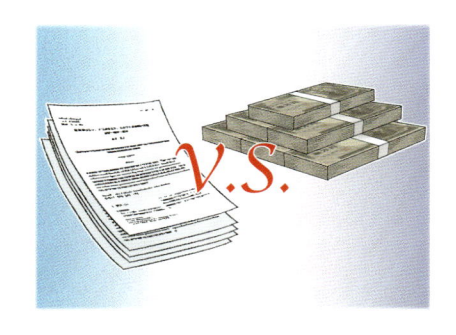

な価値である「客観性」に影響を与えたり，あるいは影響を与えるとみなされる状態を生むことがあります。これを，「利益相反（conflict of interest）」状態と呼びます。

　利益相反に関する考え方にはさまざまなものがありますが，例えば，厚生労働省の指針では，次のように定義されています[3]。

　利益相反とは，具体的には，外部との経済的な利益関係等によって，公的研究で必要とされる公正かつ適正な判断が損なわれる，又は損なわれるのではないかと第三者から見なされかねない事態をいう。

　公正かつ適正な判断が妨げられた状態としては，データの改ざん，特定企業の優遇，研究を中止すべきであるのに継続する等の状態が考えられる。

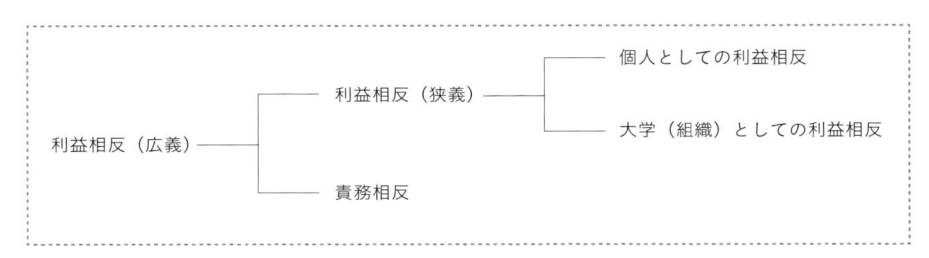

　利益相反には，「狭義の利益相反」と「責務相反」があります。狭義の利益相反とは経済的な利害等に関するものですが，責務相反とは，「兼業活動により複数の職務遂行責任が存在することにより，本務における判断が損なわれたり，本務を怠った状態になっている，又はそのような状態にあると第三者から懸念が表明されかねない事態」です。大学の教員が，外部のさまざまな職務を兼業して多忙となり，学生の教育や研究指導という本務を怠った状態になるのはその例です。さらに厚生労働省の指針では，「狭義の利益相反」には，「個人としての利益相反」と「組織としての利益相反」があることを指摘していますが，後者は例えば大学が企業に出資したり，大学が保有する特許をライセンスするような場合に生じる，いわば大学経営に関することなので，ここでは，「個人としての利益相反」について解説します。この「個人としての利益相反」の中で「経済的な利益関係」を厚生労働省は，次のように定義しています。

　『経済的な利益関係』とは，研究者が，自分が所属し研究を実施する機関以外の機関との間で給与等を受け取るなどの関係を持つことをいう。『給与等』には，給与の他にサービス対価（コンサルタント料，謝金等），産学連携活動に係る受入れ（受託研究，技術研修，客員研究員・ポストドクトラルフェローの受入れ，研究助成金受入れ，依頼試験・分析，機器の提供等），株式等（株式，株式買入れ選択権（ストックオプション）等），及び知的所有権（特許，著作権及び当該権利からのロイヤリティ等）を含むが，それらに限定はされず，何らかの金銭的価値を持つものはこれに含まれる。なお，公的機関から支給される謝金等は『経済的な利益関係』には含まれない。

　もし，自身がコンサルタントを務めている会社のゲーム機の性能に関する研究をＡ教授が計画する場合には，その会社から研究費を得ているわけですから，そこには利益相反が存在します。いくら教授が，研究結果を客観的なものにしよ

うと努めても，利益相反状態であることに変わりはありません。研究論文に客観性が疑われた場合，せっかくの研究結果の持つ社会や他の科学者へのインパクトに陰りが生じるからです。したがって，研究を計画する際には，利益相反がないことを確認するか，利益相反がある場合には，所属機関のルールや指針にした

がって，その開示を行うなど適切に対応することが求められます。それは，論文の読者に十分な情報を与え，論文の価値を彼らに判断させる機会を設けるためです。利益相反の種類は領域によって大きく異なります。人文・社会科学系では，理工系ほど経済的な利益相反を生む機会はないかもしれませんが，書籍の推薦，企業評価などの機会を通して科学者が立ち入る利益相反状況は意外とあるものです。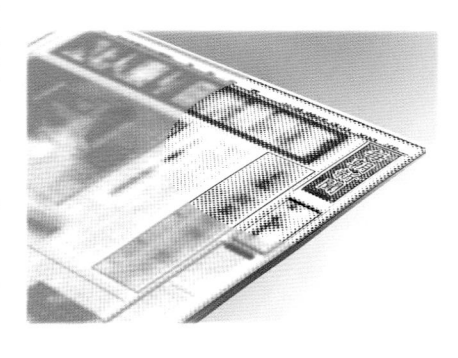

　なお，前述の厚生労働省の指針では，科学者本人だけでなく，配偶者や一親等の者（両親や子ども）に経済的な利益関係がある場合は，利益相反の有無の検討対象になるとされていますので，注意する必要があります。

　また，研究活動に係る利益相反は，企業などとの経済的な利害関係だけでなく，ピア・レビュー（査読）の際などにも生じます。例えば，査読を依頼された論文が，自分と同じ領域の研究であるという場合を想定してみましょう。こうした場合にも，本来科学者は，公正で正当な評価をしなければなりません。しかし，該当する論文が，自らの研究と非常に近い競争関係にあるような内容であることが分かった場合には，査読を辞退すべきでしょう。自分としては公正に評価したとしても，周囲がどのようにみなすかについても考慮しなければなりません。仮に辞退しなかった場合，自分の研究成果発表に有利に働くように意図的に査読を遅らせているのではないか，論文から得た知識や技法を公表前に自らの研究に組み入れたのではないかといった疑念を持たれることもあるかもしれません。また，自分が研究分担者や協力者として参画している研究申請の審査を依頼されるような場合にも，利益相反があるとして審査を辞退すべきです。

　こういった利益相反はそれ自体が悪いことなのではなく，また，科学が進歩する中で避けることができない場合もあります。例えば，該当する研究領域に査読者として適当な科学者が極めて数少ない場合，そうした結果，適格者が査読を辞退すると，科学の発展にとって重要なピア・レビューの過程が損なわれてしまいます。そのような場合には，利益相反について開示して，編集者や研究費助成機関に判断を委ねるという対応が必要となります。

　今日では，利益相反を適切にマネジメントするための専門の部署を設ける大学が増えてきました[4]。

5. 安全保障への配慮

　太郎は，申請書の研究計画を書く際，アメリカの共同研究者の下にいる学生を留学生として一定期間，研究室に受け入れたらどうだろうかと考え，教授に相談したところ，教授から「彼の出身国は，確か，懸念国だったんじゃないかな。彼を受け入れられるかどうか一度，利益相反・輸出管理マネジメント室に確かめてみて」と指示を受けました。太郎にとって，懸念国とか輸出管理といった概念は見当もつかず，担当者に相談しました。

5.1 ｜ 機微技術などの安全保障輸出管理

　国際的な共同研究は，科学研究の推進のためだけではなく，国際交流のためにも，また，大学院生の教育および若手科学者の育成のためにも，今後，ますます盛んになるでしょう。研究上の情報交換や科学者の交流は，共同研究を成功させるためには不可欠なものであり，基本的には大いに奨励されるべきものです。しかしながら，研究機関や大学が保有する情報や技術で，大量破壊兵器（核，生物，化学兵器，ミサイル）や通常兵器に転用可能なものが，一部の国やテロリスト等の手に渡り活用されると，世界のどこかで悲劇を生む可能性があります。

　科学者が純粋な目的を持って行う研究の成果が，テロに使われるようなことにでもなれば，科学者にとってこれほど悲しいことはありません。「自分の研究は，基礎科学の分野だから，兵器の開発などには関係ない」と考える科学者もいるかもしれませんが，予期せぬ形で兵器開発に使われたりする可能性はあり，このため法令上の規制の対象になっていたりすることがあります[5]。

　国際的な安全保障の観点から，大量破壊兵器等への転用の可能性がある貨物の輸出や技術提供の管理については，わが国を含めた世界の主要国では国際的な合意等に基づき規制されています。これを，「安全保障輸出管理」といい，わが国では，「外国為替及び外国貿易法」（以下

「外為法」）に基づき，管理のための制度がつくられ運用されています。もともとは，企業等の製品の輸出が管理の主な対象でしたが，国際的な産学連携が進む状況に鑑み，2005（平成17）年以降，大学や研究機関に対しても安全保障輸出管理が強く求められるようになりました。

　「外為法」は，企業等が遵守すべきもので，「研究の自由」が保障された大学等に所属する科学者には無関係と考えている人もまだまだ多いようですが，それは間違いです。この法律は，たとえ研究・教育のためであっても，規制対象の物品や技術を国外に持ち出したり，たとえ国内であろうと技術を提供した場合，当該科学者とその所属機関は処罰の対象となります。経済産業省が作成したパンフレット「その輸出‼　その技術‼　ちょっと待った！」では，工作機械，弁／ポンプ，ろ過器，化学品，測定装置，先端材料，民生用に使用されると考えていたものが，大量破壊兵器などに転用されてしまうといった危険性について，広く注意喚起を行っています[6]。

　違反が起こりうる具体的な機会としては，留学生や海外からの科学者を研究指導する場合や海外の大学や企業等との共同研究，あるいは研究資料の持ち出し，海外からの見学，外国の科学者が参加する非公開の講演会などが考えられます。特に国際的な共同研究においては，実験装置を貸し出したり，得られたデータや技術情報を，インターネット等を介して送信したり，科学者を受け入れて指導する場合なども想定されます。

　共同研究の相手側や出張先が，経済産業省が毎年公表する「外国ユーザーリスト」（大量破壊兵器の開発などが懸念される国や企業のリスト）に載っていないから，あるいは自分の研究は兵器開発等に結びつくはずがないし，相談は国内でやるのだから，といった理由で「外為法」には抵触しないと考えている場合もあるでしょう。しかし，知らずに法令違反を犯すこともあり得ますから，少しでも懸念のある場合は，自分で判断せず，所属機関の担当部署に相談するとよいでしょう。

5.2　デュアルユース（両義性）問題

　太郎は，大学のカフェテリアで友人と昼食をとっていました。友人は，合成生物学を専門とする科学者で，同じ大学で講師のポストについています。科研費の申請書についていろいろと悩んでいることを彼に相談すると，「僕たちの分野でも，最近，鳥インフルエンザに関する研究論文をめぐって，科学技術のデュアルユース問題が盛んに議論されているけど，君のプロジェクトの成果も，将来，軍事やテロ組織に悪用される可能性があり得るんじゃないの。今は外為法で規制される技術じゃないかもしれないけど，デュアルユースの

問題を十分に認識し，研究計画の段階で対策を練っていることを申請書の中に書き込むべきじゃないかな」とアドバイスを受けました。太郎にとって，「デュアルユース」というのは初めて聞く言葉です。

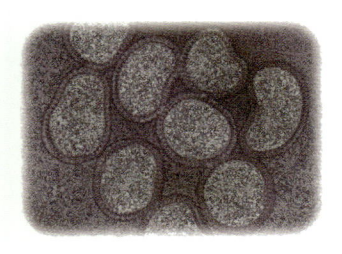

　科学技術の「デュアルユース」はもともと，ある技術が民生用にも軍事用にも使えるという意味で使われてきました。ダイナマイトは土木工事などに不可欠ですが，同時に強力な兵器にも使われます。原子力技術は，平和的に利用された場合は発電や放射線治療などに使われますが，原子爆弾・水素爆弾などの大量破壊兵器を生みます。インターネットやGPSなどは，軍事技術が民生技術に転用された好例です。

　最近では，特にライフサイエンスの分野で，科学技術の持つ用途の両義性という，より広い意味でデュアルユースという言葉が使われます。わが国でこの問題が広く認識されるようになった契機は，日本人の科学者も参画していたアメリカでの鳥インフルエンザに関わる研究プロジェクトの成果発表をめぐる 2011 年の議論でした。この研究では，強毒性ではあるもののヒトへの感染性が低かった H5N1 インフルエンザウイルスが，遺伝子改変によって哺乳類であるフェレットへの空気感染能を得るに至ったのです。感染能を制御することができる可能性を示したこの成果は，公衆衛生の改善につながる重要なものである一方，H5N1 インフルエンザウイルスが人為操作によって人への感染力を獲得する可能性があるという結論が導き出されたため，生物兵器やバイオテロに使われる可能性を持つ事例として社会的・倫理的課題が指摘され，アメリカのバイオセキュリティに関する規制委員会から論文公開の制限が求められました。世界保健機関（WHO）をはじめ，各種の機関や科学者コミュニティで検討された結果，公益性の観点から，論文は，2012 年には全面公開されました。

　　　　　日本学術会議では，原子力の平和利用などに関する取組みを 1960 年代から始めるなど，早くから科学技術の「デュアルユース」について検討してきましたが，この事件を契機に，ライフサイエンスだけでなく，広くこの問題を検討する委員会を設置し，報告書を提出しました[7]。この報告書では，「科学・技術の用途の両義性に関わ

る規範」を提案しており，自らの研究成果が人類の福祉や安全に反する目的のために使われないように配慮し行動することは科学者の職務である，と明記されています。また，専門家の共同体および社会の中で，科学技術の悪用・誤用の可能性について広く透明性を持って議論し，対応することを求めています。さらに，2013（平成25）年に改訂した声明「科学者の行動規範―改訂版―」の中で，この報告書の趣旨を反映し，次のような条項を新たに加えました[8]。

（科学研究の利用の両義性）

6　科学者は，自らの研究の成果が，科学者自身の意図に反して，破壊的行為に悪用される可能性もあることを認識し，研究の実施，成果の公表にあたっては，社会に許容される適切な手段と方法を選択する。

また，ライフサイエンスに関しては，研究を実施する当事者だけでなく，府省等の行政機関，資金配分機関，学会などの科学者コミュニティ，大学・研究機関などのこの問題に関係するステークホルダーがとるべき対応について，科学技術振興機構の研究開発戦略センターから具体的な提案が出されています[9]。特に，研究室を主宰する科学者については，自らがデュアルユースについて正しい理解を持つだけでなく，日々の活動において自らがバイオセーフティならびにバイオセキュリティ管理を厳格に行うことにより，研究室の構成員や学生を指導することを求めています。また，「競争的研究資金などの応募書類や，論文投稿の段階，さらには採択論文など研究成果の公表段階などには，資金配分機関，大学・研究機関の指示と支援の下に，専門家としての説明責任を果たす」必要があることを提案しています[9]。特に，大きな社会的影響が予想されるような成果の公表を行う際には，関係者（研究グループの構成員，資金配分機関，ならびに研究実施機関）と協議の上，合意された公表手続きを経て，慎重に各種メディアに対応するべきであるとしています[9]。

6.　法令およびルールの遵守

　科学者は研究の実施にあたって，法令を含む研究上のルールを遵守するということを忘れてはなりません。例えば，クローン技術規制法や特定胚の取扱いに関

する指針により，クローン・キメラ・ハイブリッド個体産生につながる研究は規制されていますから，こういった研究に関わる法令や規則が多くあることを知っておかなければなりません。また，取得したデータの取扱いについては，個人情報保護法など各種の法令や規則，指針があり，それらを遵守する必要があります。一方，動物を扱う研究に関しては，「動物の愛護及び管理に関する法律」がありますし，具体的な実施に関しては，実験動物の使用，適正な飼育・保管について，「実験動物の飼養及び保管並びに苦痛の軽減に関する基準」（環境省）や「研究機関等における動物実験等の実施に関する基本指針」（文部科学省），「厚生労働省の所管する実施機関における動物実験等の実施に関する基本指針」（厚生労働省）などが設けられています。

また，科学者は，近代国家の社会通念に沿って，研究・教育・学会活動において，人種，ジェンダー，地位，思想・信条，宗教などによってバイアスを設けず，科学的方法に基づき公平に対応し，個人の自由と人格を尊重することが求められます。

そして，科学者は，自らが関わる研究，審査，評価，判断，科学的助言などの場において，個人と組織，あるいは異なる組織間の利害の衝突，さらには個人の持つ複数の使命の間での衝突に十分に注意を払い，適切に対応する必要があります。利益相反の例として，製薬会社から販売促進策の一環として不透明な研究費や役務提供を受けて臨床試験が行われ，製薬会社に有利な結論が導かれたといった不正が報じられています。これに対して日本学術会議からは臨床試験における「データ管理と統計解析の独立性，研究資金と資金提供者の妥当性，研究者の利益相反状態，実施から終了に至る管理体制や倫理審査委員会と利益相反委員会との連携による審査機能の強化」を行うように提言されています[10]。

注および参考文献

1 Montreal Statement on Research Integrity in Cross-Boundary Research Collaborations, http://www.wcri2013.org/Montreal_Statement_e.shtml
2 福岡臨床研究倫理審査委員会ネットワーク，笹栗俊之(訳)「ヘルシンキ宣言」 http://www.med.kyushu-u.ac.jp/recnet_fukuoka/houki-rinri/helsinki.html
3 厚生労働省「厚生労働科学研究における利益相反（Conflict of Interest：COI）の管理に関する指針」
4 筑波大学「利益相反・輸出管理マネジメント室」 http://coi-sec.tsukuba.ac.jp

5 経済産業省「安全保障貿易管理」 http://www.meti.go.jp/policy/anpo/
  特に，大学などにおけるものは，経済産業省「安全保障貿易に係る機微技術管理ガイダ
  ンス（大学・研究機関用）改訂版」〔2010（平成 22）年〕などを参照のこと
6 経済産業省「その輸出‼　その技術‼　ちょっと待った！」 http://www.meti.go.jp/
  policy/anpo/seminer/shiryo/100604chotomatta.pdf
7 日本学術会議　報告「科学・技術のデュアルユース問題に関する検討報告」2012（平成
  24）年
8 日本学術会議　声明「科学者の行動規範―改訂版―」2013（平成 25）年 1 月 25 日
9 科学技術振興機構研究開発戦略センター「戦略プロポーザル　ライフサイエンス研究の
  将来性ある発展のためのデュアルユース対策とそのガバナンス体制整備」2013（平成 25）
  年
10 日本学術会議科学研究における健全性の向上に関する検討委員会臨床試験制度検討分科
  会　提言「わが国の研究者主導臨床試験に係る問題点と今後の対応策」2014（平成 26）年

Section

研究を進める

1. はじめに
2. インフォームド・コンセント
3. 個人情報の保護
4. データの収集・管理・処理
5. 研究不正行為とは何か
6. 好ましくない研究行為の回避
7. 守秘義務
8. 中心となる科学者の責任

1. はじめに

　翌年4月，太郎たちが申請していた科研費の採択が内定したとの連絡を受け，いよいよ研究がスタートすることになりました。学内の倫理審査委員会からの承認はすでに得ていたものの，その審査所見には，共同研究を行う大学や機関においても，倫理委員会の審査・承認を受けること，そして，研究協力者（被験者）からインフォームド・コンセントを確実に得ることが指摘されていました。非侵襲型のインターフェース機器を用いたBMI研究とはいえ，新しい領域の研究であり，倫理審査委員会からの要求は当然のことのようです。

　さらに，共同研究を行う大学の教授から，「うちの大学の倫理審査委員会から，被験者のインフォームド・コンセントを得る方法と個人情報の保護の方法について，より明確にするように，という所見がきました。われわれのこれまでの研究は，人工物を対象にして行ってきたので，インフォームド・コンセントや個人情報といわれてもあまりよく分からないんですよ。そもそも，なぜ，インフォームド・コンセントが必要なんですか」との質問がありました。太郎は，この質問にどのように答えればよいのでしょうか。

　責任ある研究活動を進める上で，研究責任者および参加する科学者は，真摯に，公正な研究を行うことが求められており，それは科学者としての義務といえるでしょう。この義務を果たすことにより，研究の機会とその資金を提供する社会と科学者コミュニティの信頼関係が維持され，研究の自由が保障されるのです。

　特に研究が人を対象とする場合には，科学者としての「責任」についての十分な理解が必要です。人を対象とする研究には，医学の研究だけではなく，歴史学や社会学などの人文・社会科学から，情報工学や自動車技術などの工学的なものまで，さまざまな領域での研究があります。例えば，公益社団法人自動車技術会は「人を対象とする研究倫理ガイドライン」を2012（平成24）年に策定しています[1]。

　ここでは最も厳しい規範を持つ医学の臨床研究を例に見ていきましょう。他の領域で研究する科学者も，責任ある研究活動のあり方を検討する上で参考になりますので，「医学や臨床研究など私の研究には関係ない」などとはせず，科学者

として理解しておくべきものと考えてみてください。歴史的にも最も早く「プロフェッション（profession：知的な専門職集団)」として成立した，医師をはじめとする医療従事者の専門職集団が，研究を行う上でつくり上げてきた規範は，他の領域における研究にも当てはまるものが多くあります。特に，人を対象とする研究に関しては，人文・社会科学系を含めて他の分野でも参考になります。

2. インフォームド・コンセント

2.1 インフォームド・コンセントの概念と必要性

　厚生労働省の臨床研究に関する倫理指針では，インフォームド・コンセント（informed consent）について，「被験者となることを求められた者が，研究者等から事前に臨床研究に関する十分な説明を受け，その臨床研究の意義，目的，方法等を理解し，自由意思に基づいて与える，被験者となること及び試料等の取扱いに関する同意をいう」とされています。

　インフォームド・コンセントという概念と，それを成立させるための手続きの必要性の認識は，過去の，人の尊厳や権利を無視した実験などに対する深い反省から生まれたものであって，医療の現場では，アメリカやドイツにおける患者の権利に関する法的な検討というルーツもあります。それまでありがちだった医師と患者との一方通行的な関係に代わり，医師が患者の人格と自律を尊重すべく，判断を患者側に委ねることを目的に生まれた双方向の比較的新しい概念と手続きですが，現在では，広く受け入れられ使われています。

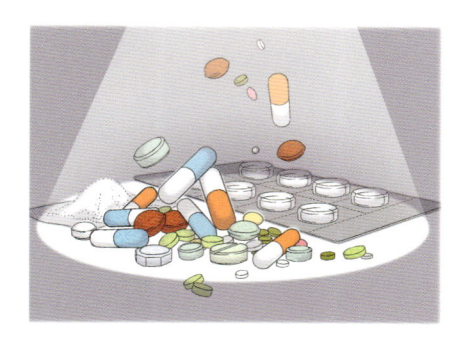

　研究倫理の文脈におけるインフォームド・コンセントは，ベルモント・レポート[2]の三つの倫理原則（人格の尊重，善行，正義）を研究活動に反映し，被験者の尊厳と権利を保障するための概念と手続きであり，研究者側を法的に保護することを目的にしたものではありません。

　ベルモント・レポートへと続く生命倫理の議論の基となった，世界医師会（WWA）の「ヘルシンキ宣言」（1964

年，最新版は 2013 年）と略称される「人間を対象とする医学研究の倫理的原則」は，これまでさまざまな改訂が行われてきました。最新版（2013 年）の第一条には，「世界医師会は，特定できる人間由来の試料及びデータの研究を含む，人間を対象とする医学研究の倫理的原則の文書として，ヘルシンキ宣言を改定してきた」ことが明記されています。ここで重要なことは，「特定できる人間由来の試料及びデータ」もこの原則の対象として含まれていることで，この中には，直接人の体に接触しないインタビューやアンケートなどから得られたデータも含まれているのです[3]。

ヘルシンキ宣言が示す「研究の目的がどれほど社会にとって重要なものであろうとも，その研究が被験者の尊厳や人権を侵害するものであってはならない」という点は，他の領域の研究においても共通する基本的な原則といえるでしょう。

インフォームド・コンセントは，この最も重要な「人格の尊重」を守るために必要な，具体的な手続きの一つなのです。

ヘルシンキ宣言をはじめとする種々の倫理原則に基づき，国際機関や各国政府は，法的な規制や倫理指針・ガイドラインなどを策定してきました。日本の場合，この分野の代表的なものとして，次のようなものがあります[4]。

- 臨床研究に関する倫理指針〔2008（平成 20）年 7 月 31 日全部改正〕
- 疫学研究に関する倫理指針〔2008（平成 20）年 12 月 1 日一部改正〕
- 医療における遺伝学的検査・診断に関するガイドライン〔2010（平成 22）年 2 月〕
- ヒト ES 細胞の使用に関する指針〔2010（平成 22）年 5 月 20 日改正〕
- ヒトゲノム・遺伝子解析研究に関する倫理指針〔2013（平成 25）年 2 月 8 日全部改正〕
- ヒト iPS 細胞又はヒト組織幹細胞からの生殖細胞の作成を行う研究に関する指針〔2013（平成 25）年 4 月 1 日一部改正〕

インフォームド・コンセントの重要性は，これらに共通して明示されています。最も包括的な指針である厚生労働省の「臨床研究に関する倫理指針」を中心に検討してみましょう[5]。

まず，この倫理指針の目的として，「人間の尊厳，人権の尊重その他の倫理的観点及び科学的観点から臨床研究に携わるすべての関係者が遵守すべき事項を定めることにより，社会の理解と協力を得て，臨床研究の適正な推進が図られること」が示されています[5]。「社会の理解と協力」を得て，研究の推進を行うことが必要なのは，臨床研究も他の研究と同様です。

2.2 インフォームド・コンセントを構成する要素と手続き

　太郎がインフォームド・コンセントの必要性について説明すると，教授は，「なるほど，被験者の尊厳の尊重，すなわち，ベルモント・レポートで謳われている『Respect for Persons』の理念を具現化し，社会との良好な関係を維持・強化するためにインフォームド・コンセントが必要，ということなんですね。確かに，自分自身や大切な家族が被験者になることを想定してみれば，研究のために，自分たちの尊厳が十分に配慮されるのでなければ許せませんよね。必要性はよく分かりましたが，具体的には，どのようなことが求められているんですか。例えば，うちの大学の学生を被験者としてリクルートする際には，どのようなことに注意すればいいんでしょう」と質問してきました。

　臨床研究に関する倫理指針でも明らかなように，インフォームド・コンセントには，「十分な説明」，「自由意思」に基づく「同意」という三つの要素が不可欠です。これは，ベルモント・レポートで述べられているインフォームド・コンセントの3要素，「情報（information）」，「理解（comprehension）」，「自発性（voluntariness）」に対応します[2]。

2.2.1 情報（information）

　被験者が意思決定を行うことができるように十分な説明に必要な情報が開示されていなければならないわけですが，ここでの情報には，「研究の手順・手法，目的，リスクと予想される利益，（治療が伴う場合）他の方法の可能性，被験者がいつでも質問をしたり，参加を取りやめることができることを明記する文章」に加えて，被験者を選ぶ方法や研究の責任者に関する情報を含めることが望ましいとされています。

　ちなみに，臨床研究に関する倫理指針では，次のような情報を開示することとされています[5]。
　① 研究への参加は任意であること
　② 研究への参加に同意しないことをもって不利益な対応を受けないこと
　③ 被験者又は代諾者等は，自らが与えたインフォームド・コンセントについて，いつでも不利益を受けることなく撤回することができること
　④ 被験者として選定された理由
　⑤ 研究の意義，目的，方法及び期間
　⑥ 研究者等の氏名及び職名
　⑦ 研究の結果，当該臨床研究に参加することにより期待される利益及び起こ

りうる危険並びに必然的に伴う不
快な状態，当該臨床研究終了後の
対応
⑧ 被験者を特定できないようにした
上で，研究の成果が公表される可
能性があること
⑨ 研究に係る資金源，起こりうる利
害の衝突（利益相反）及び研究者
等の関連組織との関わり

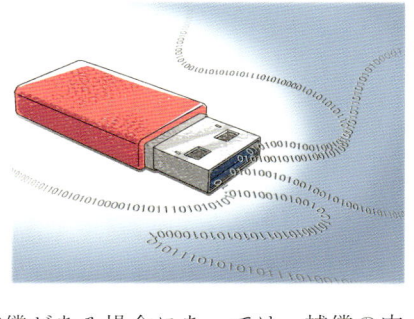

⑩ 研究に伴う補償の有無（研究に伴う補償がある場合にあっては，補償の内
容を含む）
⑪ 問い合わせ，苦情等の窓口の連絡先等に関する情報　　　　　　　　等

　インフォームド・コンセントを得るために開示する必要のある情報について
は，見落としがあってはならないため，さまざまな機関がチェックリストを作成
しています。しかし，大切なのは，倫理指針に挙げられている事項をただ単に
「チェックリスト」のようにして考えるのではなく，被験者の人格と福利を最大
限に保障することができるようにするためにはどのような情報を開示する必要が
あるのかを，科学者自身が自律的に考える態度です。

2.2.2　理解（comprehension）

　いくら十分な情報を提供していても，情報の提示の仕方が複雑で混乱していた
り，矢継ぎ早に多くのことを説明するなどその伝達の方法が不適切であると，被
験者の候補者が情報を理解できず，理性的な意思決定ができません。また，候補
者の知識レベル，年齢，さらには外国人を対象に含むような場合には文化背景，
言語などをも考慮して，分かりやすい説明の方法を考えるべきです。科学者が普
段の研究で使っている用語は，一般の人にとっては専門的で分かりにくいという
ことを念頭に置いておく必要がありま
す。これらの点に配慮したつもりで
も，情報が理解されていないことに気
がつかない場合が多いため，被験者が
説明を理解したかどうかを確認するた
めのテストを行うぐらいの配慮が必要
です。

　候補者が未成年であったり，自ら意
思決定を行うことができないような状

態である場合などにおいては，保護者や家族など「代諾者」の理解を得る必要があります。

2.2.3　自発性（voluntariness）

インフォームド・コンセントは，被験者が自発的に研究への参加に合意したときにのみ成立します。日本の場合，医師や科学者が持つ社会的な地位や権威に被験者が影響を受けやすい文化的・社会的背景があるため，この点には十分な注意が必要です。特に，大学などの教育機関に所属する科学者は，安易に自分の影響下にある学生を被験者とするようなことはせずに，まずそのような人たち以外に被験者を求め，それが不可能な場合には，本人の自由意思であることを確実な方法で確かめた上で，学生にアプローチする必要があります。高額な謝金やその他の報酬を参加の対価として提示することも「自発性」を損なうことになりますし，ましてや成績評価や昇進などをちらつかせるような行為は倫理に反するものです。

2.2.4　インフォームド・コンセントを得る上で配慮すべきこと

すでに述べたように，インフォームド・コンセントを得ることが必要なのは，臨床研究に限ったことではありません。人を対象とするすべての研究に当てはまるという点を認識し，自分の研究においてもこの点の配慮が必要か否かについてあらためて考えてみてください。

共同研究者である教授は，太郎の説明を聞いて，「分かりました。時間も手間もかかる手続きですが，われわれの研究を価値のあるものにするためには，欠かせないのですね。工学部ではこれまであまり馴染みがなかったのですが，他の分野では理解が進んでいるんでしょうか」と感想をもらしました。太郎は，同じ大学の人文・社会科学系の教授に，臨床研究以外の例えば心理学のように人を対象とする研究を行う領域で，インフォームド・コンセントについてどのような手続きが必要か問い合わせてみることにしました。

心理学の領域では，インフォームド・コンセントに関して，次のような留意点が挙げられています[6]。

人を対象にした研究では，研究対象となる人への協力依頼が必要になります。どのような募集の方法をとるにせよ，何の研究のための協力を依頼しているのかを明確にした上で募集する必要があります。一方において心理学研究の場合，研究対象者に対して事前に情報をすべて公開することで研究参加におけるバイアスにつながることがあるため，研究対象者に情報を与えなかったり誤った情報を伝えたりするディセプション（欺瞞手続き）をとる必要があることがあり，特に協

力依頼について綿密な倫理的検討が必要になります。

また，研究対象者となり研究に協力するということは，ある一定の時間を拘束され，個人的な時間を提供することになります。完全なボランティアとして，無償で協力することもありますが，多くの場合，謝金やそれに代わるものを提供することで謝礼をします。謝礼は，研究参加におけるリスクや拘束時間などに応じてさまざまです。

さらに，研究を進める上では，安全性への対策を万全にしておく必要があることはいうまでもありませんが，同時に万が一健康被害が発生した場合に備えて，傷害保険に加入する必要が生じることがしばしばあります。

謝礼や傷害保険については，心理学だけでなく他の分野でも参考にする必要があるでしょう。この他にも，研究対象者の理解力や判断力が自発的な合意には不十分であると考えられる場合の対応（「代諾者」からのインフォームド・コンセント）や，観察研究におけるインフォームド・コンセントを必要としない場合の手続きなどについて検討しなくてはならないことがあります。さらに，インフォームド・コンセントを得た後も，研究対象者の健康状態が変化したり，研究の目的が変わったりした場合など，状況の変化に合わせて，その都度，丁寧で適切な説明をしながら，あらためて研究対象者のインフォームド・コンセントを得る必要があります。

3. 個人情報の保護

インフォームド・コンセントを得る上で説明すべき事柄の一つに，被験者の個人情報をどのように保護するかという点があります。被験者の人格を尊重する上で十分に配慮しなければなりませんし，現代社会においては個人情報の漏えいやプライバシーの侵害がもたらす影響は多大です。一度漏れた情報は，回収することは不可能であり元には戻りません。場合によっては，被験者が社会的信用や名誉を失ったり，さまざまな形での不利益を被ったりします。さらに，ヒトゲノム研究などによって得られた遺伝情報は，被験者本人の健康や福利に直接関係する情報を含むばかりでなく，血縁者にも関わるものになるため，これらの情報が漏えい

した場合の影響は予想できない範囲に広がる可能性もあります。疫学研究などに関連する個人情報が漏洩した場合には，大きな集団が被害に遭う場合もあります。

　20世紀後半からプライバシーや個人情報の保護に関する議論（例えば，OECD8原則）が世界各地で高まり，日本でも，2005（平成17）年に個人情報保護法が全面施行されました。臨床関連では，厚生労働省が，「医療・介護関係事業者における個人情報の適切な取扱いのためのガイドライン」〔2004（平成16）年12月制定。2006（平成18）年，2010（平成22）年改正〕を定めています。このガイドラインは，「個人情報保護法」では「学問の自由」を保障するために適用されないことになっている大学その他の教育・研究機関などにも，その遵守を求めています。このガイドラインでは，個人情報について，①利用目的の特定，②利用目的の通知，③個人情報の適正な取得，個人データ内容の正確性の確保，④安全管理措置，従業者の監督および委託先の監督，⑤個人データの第三者提供，⑥保有個人データに関する事項の公表，⑦本人からの求めによる保有個人データの開示，⑧訂正および利用停止，⑨開示等の求めに応じる手続きおよび手数料，⑩理由の説明，苦情対応，が「個人情報保護法」の関連条項と関連づけながら述べられています[7]。

　これらの法やガイドラインは，科学者として理解しておくべき基本的なものですので，特に研究責任者は，自分自身がこれらのルールやガイドラインを知るだけではなく，研究に参画するすべてのメンバー（学生を含む）に周知し，遵守を促すことが求められています。

3.1 ｜ 「個人情報」の定義

　いわゆる「個人情報保護法」では，「個人情報」とは，「生存する個人に関する情報であって，当該情報に含まれる氏名，生年月日，その他の記述等により特定の個人を識別することができるもの（他の情報と容易に照合することができ，それにより特定の個人を識別することができることとなるものを含む）をいう」と定義されています[8]。具体的には，氏名，性別，生年月日等，それによって，個人を識別できるような情報だけでなく，「個人の身体，財産，職種，肩書き等の属性に関して，事実，判断，評価を表すすべての情報」のことを指します。限

定された人たちに知られている情報だけでなく，公にされている情報も，映像や音声による情報も含まれます。これらの情報が，たとえ暗号化されていたとしても個人情報とみなされます[9]。

3.2 連結可能匿名化と連結不可能匿名化

一般に人を対象とする研究を行う場合，「匿名化」を行うことになります。これは，個人情報から個人の識別に関係する情報を一部または全部取り除き，代わりに数字や符号をつけることです。また，他の情報（名簿など）と組み合わせて個人が特定できるような場合は，この組み合わせに必要な情報も数字や符号に置き換えます。この匿名化にも大きくわけて，連結可能匿名化と連結不可能匿名化，という二通りの方法があります。前者は，符号や数字にコード化した際の対応表を残すものの，研究者の管理外に置く匿名化の方法で，必要であれば被験者を同定できるなどのメリットがあります。後者は，この対応表を残さず破棄する匿名化です。連結不可能匿名化された情報は，個人情報とみなさないとされています。

3.3 科学者が研究を進める上での個人情報に関する責務

それでは，研究を進める中で，個人情報を扱うにあたって，科学者はどのような責務を担うのでしょうか。「臨床研究に関する倫理指針」では，個人情報の保護に係る責務として次のようなものを挙げています[10]。
① 研究の結果を公表する際には，被験者を特定できないようにする
② インフォームド・コンセントを得る際に，その説明で特定した利用目的の達成に必要な範囲を超えて，個人情報を使わない
③ 不正な手段により個人情報を取得しない
④ 利用目的の達成に必要な範囲内において，個人情報を正確かつ最新の内容に保つよう努力する
⑤ 個人情報が漏えい，滅失あるいは，破損しないように安全管理をしなければならない

3.4 人文・社会科学分野における個人情報などの取扱い

ここまでは，臨床研究を中心に考えてきましたが，人を対象とする研究は，臨床研究だけではありません。歴史学や社会学などの人文・社会科学においても，個人情報に関わるような領域があります。

　例えば，未公刊の文書史料やインタビュー記録を引用しながら成果を発表する際には，以下のような注意が必要です。

- あらかじめインタビューの際に，聴き取りの相手との間に，研究の目的・公開の範囲と形態について，また発表にあたり相手の校閲を受ける必要の有無について，合意を得ておく。
- インタビュー記録の引用に際しては，聴き取りの相手の合意を得た範囲内において，相手の名前，役職，インタビュー日時，場所を明確にする。
- 史料館などで公開されている史料・資料を引用する場合は，史料館名・史料名・史料番号などを明記する。寄託史料で，発表の際には寄託者に草稿を事前に見せ，同意を得ることが条件になっている場合は，その条件を遵守する。
- 特別の許可を得て，史料・資料の閲覧を個人や企業から許された場合は，どこまで史料・資料そのものとその所在を公表できるのか，個人情報に関わることをどこまで公開できるのかなどについて，事前に合意をとり，その条件を明示する。
- 史料・資料の引用にあたり，個人の出生・門地・経済状況・死亡（病歴などをも含む）・犯歴などの情報については，過去の人物であっても，その子孫や継承者のプライバシーを侵害することのないよう，細心の注意を払う。

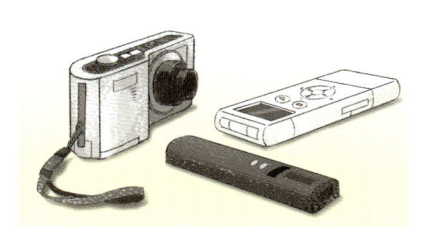

4. データの収集・管理・処理

　太郎たちの研究チームは大学の担当部署の協力も得ながら，すべての被験者からインフォームド・コンセントを得る手続きも終え，研究を開始するのに必要な準備を整えました。これから実験を始めようとする段階で，別の教授から，「研究を進める上で，得られたデータを共同研究者間でどのように共有するかを協議しておいたほうがいいんじゃないでしょうか。研究計画書には，適切な方法で共有すると書かれていますが，具体的にどのような形で行うのかは記載がありませんでしたし，文系と理工系では，研究ノートのつくり方が違うと思うのですが」という問い合わせがありました。太郎は，まず，研究室のポスドクや大学院生と，実験データとその記録について話し合うことにしました。そこで，太郎は問いかけてみました。「グループで研究するとなると，各自のラボノートのつけ方や

生データの管理の仕方も違ってくると思うけど，これまでこの研究室ではどのようなルールでやってきたのかな。また学外の組織と共同研究を行う場合，ラボノートやデータについてはどのように取り扱っているか知っているかな」。

4.1　データとその重要性

データとは，「理性的な推論のために使われる，事実に基づくあらゆる種類の情報」です[11]。研究におけるデータの重要性は自明であり，データがなければ，研究は成立しません。領域によって何をデータとするかは異なります。例えば，歴史学では，印刷物や書物だけではなく，手書きの手紙や関連する事物など種類豊富なデータが存在します。社会学や人類学では，アンケートの結果やインタビュー記録なども重要なデータです。実証的な科学の世界では，自然現象を観察したり，実験を行うことにより得られた測定データや画像データなどがあります。

科学研究におけるデータの信頼性を保証するのは，①データが適切な手法に基づいて取得されたこと，②データの取得にあたって意図的な不正や過失によるミスが存在しないこと，③取得後の保管が適切に行われてオリジナリティが保たれていることです。

特殊な状況を除き，すべての科学研究の質は，現時点で可能な最高度の厳密さを持って獲得された「データ」に基づいていることを前提に議論されるので，科学者は，研究活動のすべてのフェーズで，誠実に「データ」を扱う必要があります。

データの収集については，研究分野，テーマ，目的などによって異なるので，それぞれの専門分野での慣行に従うべきでしょう。しかし，少なくとも実験系の研究の場合は，「研究・調査データの記録保存や厳正な取扱い」については，ある程度共通する部分があるので，以下で見ていきましょう。

4.2　ラボノートの目的

実験系では，一般に，データは，ラボノート（研究ノートや実験ノートと呼ばれる場合もある）に記録されます。適切な形でデータやアイデアが記入され，管理されたラボノートは，少なくとも三つの重要な役割を果たします。第一に，研

究が公正に行われていることを示す証拠になります。第二に，研究の成果が生まれた場合，その新規性を立証する証拠になります。第三に，研究室や研究グループ内でデータやアイデアを可視化し，共有し有効に活用する方策，いわゆる「ナレッジマネジメント」の道具となります[12]。

また，アメリカのライフサイエンス研究の中核的機関である NIH（National Institutes of Health）では，日々の記録をラボノートに記録する目的を次のように整理しています[13]。まず，実験等の成果が生まれた場合，第三者が再現できるように情報を残すという目的があります。また，研究倫理の文脈では，研究の公正性を立証し，不正を防ぐことができます。法的には，契約上の条件を満たすために必要な場合もありますし，特許に関連しては，知的財産権を守る目的もあります。さらに，研究チームの中に優れた研究慣行をつくりあげることができ，また，研究に参加するメンバー（学生を含む）の教育に役立ちます。また，発表の際などに，各メンバーが研究にどれほど貢献したかという功績を認めるための証拠となります。しっかりとしたラボノートがあれば，正式な報告書，論文，発表などの準備が容易になります。

民間企業などでは，特許などの知的財産権がからむこともあり，記載すべき内容や記述方法や証拠書類として成立させるための証人の署名を得る方法，さらに，ノートの管理の方法などを詳細に定めたラボノート管理規定を定め，厳格に運用しています。1980 年のバイ・ドール法の成立以来，産学の連携が進むアメリカでは，知財等に関連する諸問題が急増したことを受け，それ以来各大学がラボノートに関するポリシーを定め運用しています[14]。

責任ある研究活動を進める上で，ラボノートは不可欠なツールであることを理解し，共同研究者も含め，研究グループ全体で協議を行い，ルールを定めて運用していく必要があります（所属機関がすでに指針などを持つ場合は，それを確認してください。）。

4.3　優れたラボノートとは

それでは，有益で優れたラボノートとはどのようなものなのでしょうか。マクリーナ（Macrina, F. L）らは，有益なラボノートには，当該の科学者が，①何を，なぜ，どのように，いつ行ったかが明確に記載されていて，②実験材料やサ

ンプルなどがどこにあり，③どのような現象が起こり（あるいは起こらなかったか），④その事実を科学者がどのように解釈し，⑤次に何をしようとしているのかが，記載されているべきであるとしています。また，優れたラボノートは，①読みやすく，②整理されていて，③情報を正確に余すことなく記載し，④再現ができるだけの情報を持ち，⑤助成機関や所属組織が定める要件を満たし，⑥権限を

与えられた人のみが見ることができるような形で適切に保管され，万が一に備えて複製もつくられているものであるという条件を示した上で，すなわち，ラボノートは，「あなたがどのような科学上の貢献を行ったかを立証する究極的な記録である」としています [15]。

4.4 ラボノートの記載事項・記載方法

岡崎らは，ラボノート記載のポイントを以下のようにまとめています [16]。

1. 時間順に記入する
2. 空白を残さない。ブランクスペースには〆印を描き，どんな文章の挿入も避ける
3. 以前の記入は後日修正してはいけない。修正は修正日のページに記載する
4. 記載内容は「日付」と「見出し」で管理する（目次と併せて活用するとよい）
5. 略語，特別な単語には第三者がわかるような説明文を記載する（巻頭に「略語表」「用語解説」を設けてもよい）
6. 新しい計画あるいは実験が始まるとき，目的と論理的根拠，計画を簡単に概説しておく
7. 記載内容は第三者が再現できる程度詳細に書く
8. 記載がどこからの続きで，そこに続いているのかわかるようにする
9. 結果や観察事項などは即記載する
10. 結果等を貼付する際は，記載者，証人の日付と署名をノートにまたがるように記載する
11. 貼付が困難なものは，ノートに所在や名称を記し別途保存し，相互引用する
12. データ等の事実と，考察などのアイデアや推論は明確に区別して記載する

13. 共同研究の場合は，アイデアや提案が誰に帰属するのかを意識しながら記載する
14. ミーティングでの討論なども記録する
15. 各ページに記載者と証人の日付，署名を付す

これらはあくまで一例ですが，このような記載のポイントを研究チーム内で十分に話し合った上で，研究の実施中も定期的にチェックすることが，研究の質の向上につながるでしょう。

ラボノートには市販されているものもあります。一例として，山口大学の佐田洋一郎教授が，日本の文具メーカーであるコクヨ S&T（株）と共同で開発した研究ノート（RESEARCH LAB NOTEBOOK）における記入例を次ページに示します。

4.5 ラボノート（データ）の管理

それぞれのラボノートが適切に記載され，研究から得られたデータやアイデアが明確に記録されていたとしても，ラボノートそのものの管理がずさんであると，ラボノートの信頼性と証拠としての価値を失う場合があります。例えば，ラボノートを1冊まるまる入れ替えることが可能な管理状態であるならば，特許に関わる論争の際には不利な立場に追い込まれることになるでしょう[17]。

ラボノートは基本的に個人の所有ではなく，研究環境と資金を提供している組織（大学・企業など）に帰属すると考えられていますので，組織の管理規定に基づき適切に管理されるべきでしょう。組織にそのような管理規定や担当する部署がない場合，研究責任者は組織に働きかけると共に，研究グループのメンバーと

相談しながら管理のルールをつくる必要があります。大学のように研究メンバーの流動性が高い場合は，新しいメンバーの教育研修も含めた管理システムをつくりあげる必要があるでしょう。特に，個人情報を含むデータを扱う研究を実施している場合は，特別の配慮が必要です。ラボノートへのアクセスは限定し，管理は鍵のかかるロッカーなどで行う必要があります。しかしながらチームで研究を

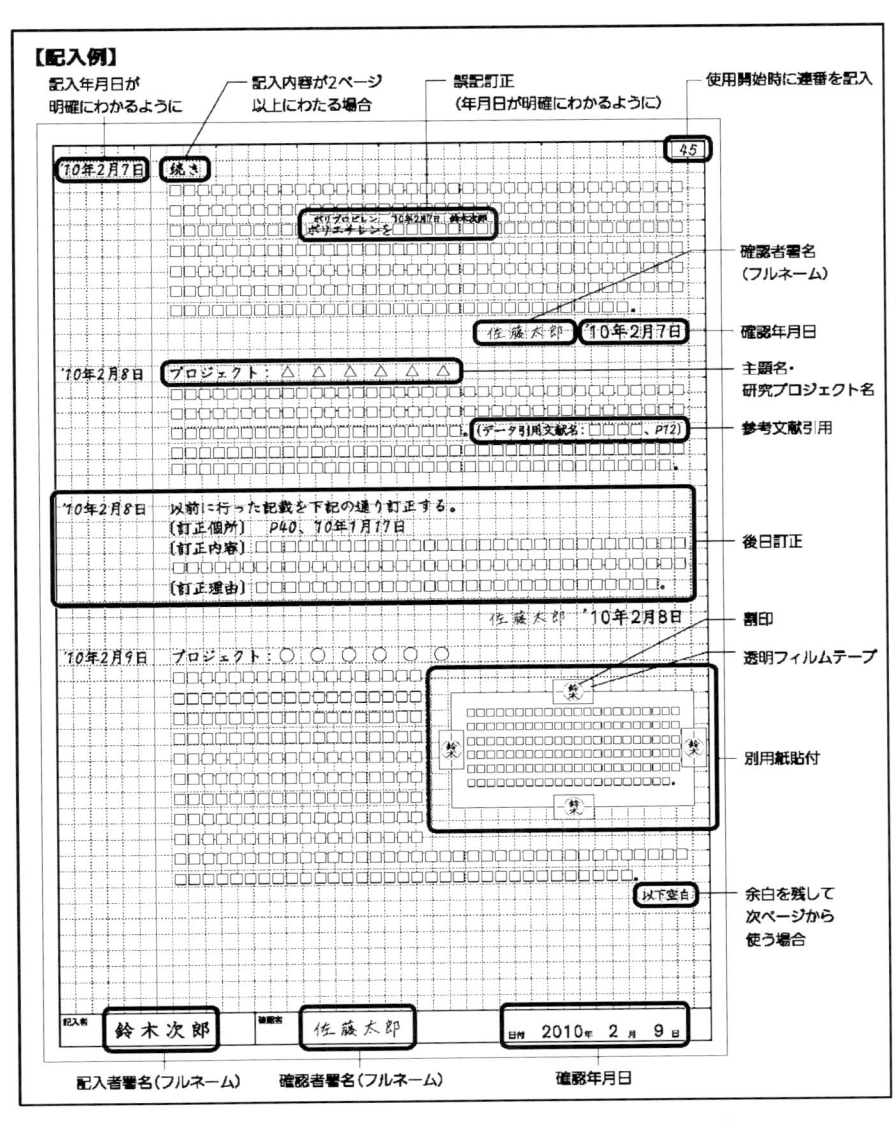

研究ノート（RESEARCH LAB NOTEBOOK）における記入例

行う場合，データへのアクセスを制限しすぎてしまうと研究の進捗を妨げることがあるかもしれません。適切なバランスをとるためにも，チームメンバーとの話し合いは重要です。

　今まで述べてきたように，科学者にとってラボノートは，自分で行ってきた実験や研究等の記録であり大変重要です。それらは，自分の研究プロセスやアイデアの知的集積ということのみならず，論文等を発表した後の検証や証拠となるものであり，保存の方法や期間については，研究機関として決めておくことが必要です。

　研究費の助成機関は，研究計画に示された研究が完了した後も一定期間データを保管することを求めています。また，特許などに関わる研究のデータに関しては，30〜50年の保管が望ましいとされています[18]。このような長期の保管については，科学者個々人や研究室ごとにその責務を担うというようなものではなく，組織全体で責任を持って取り組む必要があるでしょう。

　また，複数の機関が協力して研究を実施する共同研究の場合，ラボノートの所有権やクレジットの分配の方法について，事前に十分検討すべきですし，研究を実施している途中でも随時話し合いの上で合意しておく必要があります。

　なお，最近は電子媒体による実験ノートやデータ等の保存も可能となっています。このような場合も，実験等を記録した当日以外に後で修正や加筆・訂正などができないようにし，正確に資料・データとして残すことが必要で，そうした方法等についても研究機関で決めて明記しておくことが求められます。

5.　研究不正行為とは何か

5.1 　研究不正行為の定義

　日本だけでなく，世界各国で共通に研究不正にあたる行為として定義されているのは，捏造，改ざんおよび盗用であり，しばしば，fabrication（捏造），falsification（改ざん），plagiarism（盗用）のそれぞれの頭文字をとって，FFPと呼ばれます。アメリカ連邦規則でもこの三つが研究不正の定義として採用されています[19]。

　しかし，国際的にはFFPのみが研究不正ではなく，さまざまな逸脱行動を問

題にする傾向にあります。「研究公正に関する欧州行動規範」では，利益を説明しないこと，守秘義務違反，インフォームド・コンセントの欠落，被験者の虐待や材料の乱用のような明確な倫理的かつ法的必要条件からの逸脱，不正の隠蔽の試み，告発者に対する報復も挙げられています。また日本や世界の多くの学会でも規定しているのが二重投稿の禁止とそれに対する制裁措置です。例えば，「日本物理学会行動規範」〔2007（平成19）年7月10日制定〕では，二重投稿も不正行為と定義しています。

　文部科学省は，2014（平成26）年8月に，新たな「研究活動における不正行為への対応等に関するガイドライン」を策定し，FFPを特定不正行為と定義していますが，これ以外のものであれば正当であるということを意味するものではありません。この点については，後述する「6. 好ましくない研究行為の回避」も参考にしてください。新たなガイドラインでは，研究活動における特定不正行為への対応として次のように定めています。

第3節　研究活動における特定不正行為への対応
1　対象とする研究活動及び不正行為等
　本節で対象とする研究活動，研究者及び不正行為は，以下のとおりとする。
(1) 対象とする研究活動
　本節で対象とする研究活動は，競争的資金等，国立大学法人や文部科学省所管の独立行政法人に対する運営費交付金，私学助成等の基盤的経費その他の文部科学省の予算の配分又は措置により行われる全ての研究活動である。
(2) 対象とする研究者
　本節で対象とする研究者は，上記(1)の研究活動を行っている研究者である。
(3) 対象とする不正行為（特定不正行為）
　本節で対象とする不正行為は，故意又は研究者としてわきまえるべき基本的な注意義務を著しく怠ったことによる，投稿論文など発表された研究成果の中に示されたデータや調査結果等の捏造，改ざん及び盗用である（以下「特定不正行為」という。）。
　① 捏造
　　存在しないデータ，研究結果等を作成すること。
　② 改ざん
　　研究資料・機器・過程を変更する操作を行い，データ，研究活動によって得られた結果等を真正でないものに加工すること。
　③ 盗用
　　他の研究者のアイデア，分析・解析方法，データ，研究結果，論文又

は用語を当該研究者の了解又は適切な表示なく流用すること。

　また，ガイドラインでは，捏造，改ざんおよび盗用の行われた研究にかかる競争的資金について，事案に応じて交付決定の取り消し等を行い，返還を求めるなどの措置を執ることとしています。なお，研究不正行為があったと認められた場合には，競争的資金への申請および参加資格に制限が科せられます[20]。

5.2 捏造，改ざんの例

　2002 年，『ネイチャー』や『サイエンス』を巻き込んだ重大な捏造事件が発覚しました。舞台となったのは，これまで 12名のノーベル賞受賞者を輩出し，名門研究所として知られていたアメリカのベル研究所でした。ベル研究所のドイツ人若手研究者ヘンドリック・シェーンは，画期的な手法により高温超伝導の記録を次々に塗り替え，世界中の科学者から一躍注目を集めました。2000 年から 2002 年までのわずか 3 年間に『ネイチャー』や『サイエンス』にあわせて 16 本の論文を掲載し，自ら記録を更新していったのです。一時はノーベル賞に最も近い研究者ともいわれました。

　しかし，世界中で追試が成功しないのに，シェーン自身は記録を次から次へと塗り替えるという中で，疑惑が発覚します。加工を加えた実験データがいくつもの論文で使い回されていることが明らかになったのです。別々になされたはずの実験についての論文の間で，同じ実験データが流用されていたのです。ベル研究所は調査委員会を立ち上げ，16 本の論文で研究不正行為があったと結論づけました。多くの実験が実際には行われていなかったこと，他の実験データを加工し流用することで，あたかも画期的な成果が出たように「捏造」していたことが判明したのです[21]。

　研究不正はあまり起こらないのではないかといわれていた物理学の分野で，これだけ大々的な捏造が明らかになったことは，分野に関係なく研究不正が発生しうることを印象づけるものでした。

　また，日本における「ディオバン事件」〔2012（平成 24）年〕も捏造，改ざんを含む不正でした。複数の大学病院等が参加して，高血圧症治療薬ディオバンに関する臨床研究をそれぞれ行った際，製薬会社に有利な結論を生むように，被験者の血圧の数値などのデータ操作や統計操作が行われたとされました。不正の発覚後これらの論文は撤回されましたが，データの捏造，改ざんに関わった元社員

および不正な論文を利用してその薬の広告をした製薬会社は，薬事法の禁止する誇大広告の罪[22]にあたるとして起訴されました。

　また，この事件では，製薬会社の当時の社員が研究グループの統計解析に関わりながらも，研究成果の発表においては大学の非常勤講師の肩書きのみが使われていたことも大きな問題として注目を集めました。こうした研究では，実験を実施したのが客観的・中立的な立場から実験を行うとみなされている大学の研究者であったのか，それとも当該企業の社員であったのかでは，信頼性に大きな違いが生じるからです。このような利益相反状況については，論文発表時に明示することが求められますが，この事件では大学の非常勤講師の肩書きのみが使われたことが，利益相反を隠蔽する意図があったものとして問題視されました。

　捏造，改ざんは，そもそも真理を探究するという科学研究の目的に反する重大な裏切りですが，科学者コミュニティに対する社会の信頼を失墜させ，また，人々の健康と安全に害悪を招くことすらある行為であることを認識しなければなりません。さらに，科学者が公表したデータを信じて追試を行う他の科学者に，その時間や労力，研究費を空費させます。ある科学者が新しいアイデアを発表したときには，他の科学者はその真偽を確かめ，一緒になってその研究を先に進めようとします。捏造，改ざんは，科学者間で競争しながらも，それぞれの研究を積み重ねつつ，互いに協力して科学を発展させていこうとする科学者コミュニティの土台を壊してしまう行為です。

5.3　盗用の例

　著者の発表した研究は著者のオリジナルであり，その内容である情報，アイデア，文章は，著者自身のものであることを前提にしています。この信頼を裏切る行為が「盗用（plagiarism）」です。盗用はオーサーシップの偽りの一つですが，「誠実さ（honesty）」という科学者個人の倫理的資質の欠如を意味するもので，重大な職業倫理違反行為でもあります。また，盗用は著作権法違反として処罰されることもあります（「IV. 5. 2.　他人の著作物を利用するには」参照）。

　では，どのようなものが盗用にあたるでしょうか。他人の論文の多くの部分を適切な引用をせずに自分のものであるかのように転用するのは明らかな盗用ですが，その他にも，例えば，大学の教授が大学院生の未公刊の論文を見せてもらい，そのアイデアを自分の論文として公表するというのもアイデアの盗用にあたります。現在ではインターネットの普及により，すでに発表されている論文やウェブサイト上の記載をそのままコピーして論文の文章として転載すること（いわゆる「コピペ」）が容易になったため，盗用が起こりやすくなったとも考えられます。人文・社会科学系の研究不正では，捏造，改ざんはあまり多くないのに対

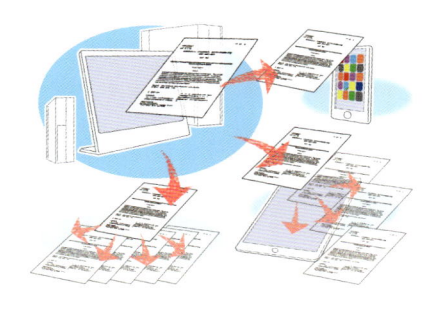

して，盗用が大きな問題となっています [23]。また，実験系の研究では，実験手法や使った資料（マテリアル・アンド・メソッド）を記載する際に，既発表の論文から出典を明記せずに用いることも問題となります。なお，元の記述をそのまま用いる場合だけでなく，記述に修正を加えて利用する場合にも，出典を明記する必要があります。

5.4 　出典の明示

　他人の研究成果を利用するためには，出典先を明示し，読者がその出典先をあたれるようにしなければなりません。出典を示すことなく，他人の研究成果を利用することは盗用にあたります。

　出典を示すにあたっては，どの部分が著者によるもので，どの部分が他の科学者によるものか，明確に示さなければなりません。

　単に出典先を記載するだけでは不十分な場合もあります。例えば，Aが他の著者Bの文章をそのまま使って，その出典だけを注記するにとどめたとすると，その内容についてのBのクレジットは確保されますが，その文章そのものの作者がAなのかBなのかは分かりません。他の科学者の文章の一部をそのまま使う場合には，引用符を使ったり，段落を下げたりしてから，出典を明示し，文章自体もBのものであることを分かるようにしなければなりません。

　また，文献の窃用だけが盗用ではありません。論文の査読，研究費申請の審査などを通じて，特別に知り得た他人のアイデアや技術を，いわばインサイダー取引のように利用することも盗用にあたります。さらに，公開の講演会で演者が話したアイデアであっても，会場にいた者が断りなく使用すれば盗用にあたる恐れがあります。このような場合には，アイデアの出所がその講演者であることを明らかにしたり，講演者の承諾を得ておくことも賢明な態度です。研究会の場での議論の中で，出てきた理論，アイデアを利用する場合にも，科学者の倫理としては，同じように考えるべきでしょう。

6. 好ましくない研究行為の回避

公正で責任ある研究活動を推進する上で，どの研究領域であっても共有されるべき「価値」があります。「研究公正に関するシンガポール宣言」（2010年制定）では，そのような「価値」を次の四つの原則にまとめました。

- ・研究のすべての側面における誠実性
- ・研究実施における説明責任
- ・他者との協働における専門家としての礼儀および公平性
- ・他者の代表としての研究の適切な管理

捏造，改ざんおよび盗用という不正行為は，これらの対極にあるものです。

しかし，科学の進歩を妨げ，社会の発展を害する，意識的で不正な研究行為は，捏造，改ざんおよび盗用だけではありません。誠実な研究とこれらの研究不正との間にも，いわゆる「好ましくない研究行為（QRP：Questionable Research Practice）」と呼ばれるものがあり，研究への信頼性を侵すものとして懸念されています[24]。

誠実な研究活動	好ましくない研究行為	研究不正
（理想的な行動）		（最悪の行動）

アメリカ科学アカデミーは，「好ましくない研究行為（QRP）」について，次のように指摘しています。

「好ましくない研究行為とは，研究活動の伝統的な価値を侵害する行為で，研究プロセスに有害な影響を与えうるものです。それらの行為は研究プロセスの誠実さへの信頼を損ない，科学のさまざまな伝統的慣習を脅かし，研究成果に影響を与え，時間・資源を浪費し，若い科学者たちの教育を弱体化させる可能性があります」[25]。好ましくない研究行為の具体的なものとして挙げられているのは次のようなものです。

・重要な研究データを，一定期間，保管しないこと
・研究記録の不適切な管理
・論文著者の記載における問題
・研究試料・研究データの提供拒絶
・不十分な研究指導，学生の搾取
・研究成果の不誠実な発表（特にメディアに対して）

　研究活動に関する実証的な調査の報告によると，自身がQRPに関わったり，あるいは目撃している科学者が数多くいるとされています[26]。特定不正行為と称される捏造，改ざんおよび盗用（FFP）と同様に，QRPについてもさまざまな研究リソースを浪費させ，社会と科学者コミュニティとの間や，科学者コミュニティ内の信頼関係を損ねかねないことを認識する必要があります。

　なお，QRPは研究を進める上だけではなく，研究を計画する段階でも起こりうるもので，例えば，①期待される研究成果とそのインパクトを不当に誇張する，②過度なバイアスを持って研究テーマや研究手法などを提案する，③申請者や関係者が持つ利益相反を明らかにしない，といったことが含まれます[27]。

　競争的資金獲得のための申請書の作成，また論文発表にあたっても，このようなQRPを行おうとしていないか，自らの，そして共同研究者間でのオープンな検討が必要です。

　なお，QRPの中には，研究不正ではないが「好ましくない」ために避けることが望まれる行為だけではなく，二重投稿や不適切なオーサーシップなど一部の行為については，国や研究機関によっては「研究不正」の定義に含まれることがあることにも注意を払う必要があります。

7. 守秘義務

　太郎は，共同研究をしている企業の担当者から連絡を受けました。「以前からの共同研究の件ですが，こちらのほうも新しいフェーズに入りますので，そろそろ秘密保持契約書を結んだほうがよいのではないかと思うのですが，いかがでしょう」。太郎は，「A教授とも相談してご連絡しますので，しばらくお時間をいただけますか」といって電話を切りました。教授にこの件を伝えたところ，「そうだね。そろそろ必要かもしれないね。大学の知的財産本部に連絡して，どのように対応すればいいか相談してみよう」とのことでした。

　人を対象とする研究を行う場合，研究を通して得た個人情報などを守るという守秘義務があり，医師や医療従事者については法的に課せられています。また，それ以外の関係者にも同様の義務があること，研究責任者は守秘義務について研究チーム全員に周知し遵守を促す責任を負うことなどが，厚生労働省の「臨床研究に関する倫理指針」に示されています。

　この意味での守秘義務とは別に，知的財産に関わる領域で，秘密保持の問題についても認識しておく必要があります。日本版バイ・ドール（コラム「『日本版バイ・ドール』について」参照）の成立を受け，国からの委託研究によって得られた成果は，委託を受けた科学者の所属する機関（大学など）に帰属することになりました。これにより，大学で生まれた研究成果から，特許を出願するケースも増えてきています。これまでは，特許の出願に大学の教員はそれほど興味を示しませんでしたが，自分が生み出した成果が特許として認められ，そこからの実施料収入が大学を通じて得られるようになって状況は変わりつつあります。多くの大学が，知的財産本部などを整備し，大学で生まれた発明などを商業化しようとしています。

　大学の研究室で生まれた知的成果から利益を生み出す方法としては，少なくとも三つのものがあります[28]。
　① 大学独自での成果を産業界へ技術移転（特許化を含む）
　② 企業と共同研究を行い，成果を共同で特許化
　③ 成果を基にして大学発のベンチャーを起業

　これらの過程で，科学者だけでなく，企業側の担当者や知財の専門家などさまざまな人たちが話し合い，利益を生む最善の道を見いだそうとするわけですが，そこでは研究から得られた成果などの開示が必要になってきます。一方，そのような話し合いの中で，知的財産となるようなアイデアや情報が相手側に伝わり，故意か偶然かは別として，相手側がそのオリジナリティを主張したり，外部への漏えいといったトラブルも発生します。このようなトラブルを防ぐために，締結するのが，「秘密保持契約」です。

　産学連携がますます盛んになる今日，科学者はこのような知財の問題についても注意を払う必要があります。企業との共同研究を進める際には，所属機関の知財担当部署や相手方の企業と事前によく相談をしておくべきでしょう。

　大学と企業との共同研究に参加する学生の位置づけについては，通常の共同研究以上に特別な配慮が必要です。科学者は大学や研究機関に雇用され，雇用契約

関係に基づいて，職務上の秘密保持を含むさまざまな義務を課されます。しかし，学生は学費を支払いその対価として教育や研究指導を受ける存在ですから，当然にこうした義務が課せられるわけではありません。学生であっても，外部資金等で研究員として雇用すれば，教員と同様に義務を負うことになりますが，教員と同じように秘密保持契約や守秘義務契約を交わすことが妥当かどうかは，その内容に照らして吟味しておく必要があります。なぜなら，学生が将来的に共同研究の相手方企業とのライバル企業に就職するというケースを想定すると，この種の義務によって学生の就職の自由を制約する可能性があるからです[29]。反面，大学と秘密保持義務を結んで，共同研究に参加した学生が他社で秘密保持対象の情報を漏らした場合には，損害賠償請求される恐れもあります。学生に対する教育責任および学生の利益と，産学連携としての共同研究とは完全に一致するとはいえないので，研究指導者は双方の視点を理解して学生を位置づけることが必要です。

8. 中心となる科学者の責任

太郎は研究代表者のA教授から，研究のマネジメントをサポートして欲しいと頼まれ悩んでいました。被験者のインフォームド・コンセントを得たり，ラボノートの管理システムを構築したりと，手続きとしてやるべきことはそつなく済ませましたが，研究チームのマネジメントに関わるとなると責任重大です。もちろん，研究代表者は教授なので，その指示を確認しながら，研究計画書に沿って研究を進め，成果を出していくつもりなのですが，研究チームのメンバーにまで，チームとしての考えが浸透しているかといわれると，まだまだ十分とはいえないような気がしています。特に，ポスドクのB氏は，ここでの任期が終わるまでに，顕著な業績をあげようと焦っているようにも見えます。最近は一人でデータを解析することも多く，かなり無理のあるスケジュールで実験を行っているようです。

中心となる科学者は，研究活動を適切に進めることに責任を有しています。このため，さまざまな倫理指針やガイドラインに示された手続きが着実に行われていることを確認する責任もあります。また，個人情報，データ，知的財産などの管理の責任も負います。

さらに，中心となる科学者は，可能な限り，研究を計画通り実施して，目標とする成果を達成する責任を

持ちます。そのために，研究費の申請書を作成した時点で自ら配分した時間と労力（エフォートと呼ばれます）の中で，最大限の努力をすることが期待されています。しかしながら，注意しなければならないことは，すべての研究が計画通り進むわけではないということです。ほとんどの研究は，その過程で予測しなかった現象や問題が発生し，その都度，仮説や方法を修正しながら進めていくものなのです。一方，大学院生や若手の科学者の場合，学位取得やポスト獲得の条件として学会発表や論文の出版などを一定の期間内に行わなければならないという厳しいプレッシャーの中で研究を行っています。また，共同研究の相手が，企業などの場合，すぐに特許などにつながる成果を求めるケースもあります。そのようなさまざまな要求や利害関係を理解した上で，中心となる科学者は研究を推進する必要があります。

　チームとして研究を行う場合，若手科学者や大学院生もその中に含まれることが多く，その際中心となる科学者がどのように振る舞うかは，教育的な意味を含めて大きな影響を与えるものであるということを認識しなければなりません。チームとしての研究成果を最大にすることは大切ですが，論文発表だけが成果なのではなく，誠実な科学者を育てること，科学研究が健全に行われる環境を醸成していくことも立派な研究成果であると考え，過度に焦ったり煽ったりしないよう心がけるべきでしょう。日本学術会議の行動規範も，「（研究環境の整備及び教育啓発の徹底）　科学者は，責任ある研究の実施と不正行為の防止を可能にする公正な環境の確立・維持も自らの重要な責務であることを自覚し，科学者コミュニティ及び自らの所属組織の研究環境の質的向上，ならびに不正行為抑止の教育啓発に継続的に取り組む。また，これを達成するために社会の理解と協力が得られるよう努める」としています。

　こうした点は，研究不正の発生や防止にも関係してきます。これまでの研究不正の事例を分析してみると，研究室全体に過度の業績主義が蔓延していたり，研究メンバーが何らかのプレッシャーの下にあったりというケースが見られます。こうした点からも，中心となる科学者は，研究チーム全体が，科学研究の本来の目的を常に認識できるような態勢を整備することが望まれます。このような態勢をつくりあげることも，個々の研究現場における「研究倫理プログラム」の実践として大切です。

　　太郎は中心となる科学者の責任がとても大きいことを感じて，ちょっと不安になりＡ教授に相談しました。教授は，「確かに最初は大変かもしれないが，『ネイチャー』のエディターもいっているように，研究責任者として『日々の研究活動の中で，自ら手本を示すことによって，科学者としての倫理や行動規範を後進に伝えるべき』であること，そして，それが独りよがりにならず，研究グループ全体で，責任ある研究活動ができるように研究倫理

プログラムを動かしていくべきであること」を教えてくれました。これを聞いて太郎は，研究不正やその他の不適切な行為を取り締まるようなシステムではなく，一人ひとりが研究の意義と目的を常に認識して研究に打ち込めるような環境をつくりあげ，若い才能のある科学者たちが，のびのびと意味のある研究に邁進できるようにすることが重要だと思い，若い自分なりにチームの中で積極的にそうした役割を果たしていこうと思いました。

注および参考文献

1　自動車技術会「人を対象とする研究倫理ガイドライン」　http://www.jsae.or.jp/01info/rules/kenkyu-rinri.pdf

2　HHS, "The Belmont Report", http://www.hhs.gov/ohrp/humansubjects/guidance/belmont.html

3　日本医師会（訳）「ヘルシンキ宣言」　http://www.med.or.jp/wma/helsinki08_j.html

4　東京医科歯科大学「東京医科歯科大学 医学部および歯学部におけるヒトを対象とした研究の倫理指針」　http://www.tmd.ac.jp/artis-cms/cms-files/20140627-170759-9811.pdf
　　OHRP, "Human Subject Regulations Decision Charts", http://www.hhs.gov/ohrp/policy/checklists/decisioncharts.html

5　厚生労働省「臨床研究に関する倫理指針」　http://www.mhlw.go.jp/general/seido/kousei/i-kenkyu/rinsyo/dl/shishin.pdf

6　河原純一郎・坂上貴之（編著）『心理学の実験倫理―「被験者」実験の現状と展望―』勁草書房，2010（平成22）年
　　公益社団法人日本心理学会「社団法人日本心理学会倫理規程」　http://www.psych.or.jp/publication/inst/rinri_kitei.pdf

7　厚生労働省「医療・介護関係事業者における個人情報の適切な取扱いのためのガイドライン」　http://www.mhlw.go.jp/topics/bukyoku/seisaku/kojin/

8　「個人情報の保護に関する法律」第2条　http://www.caa.go.jp/planning/kojin/houritsu/index.html

9　消費者庁「個人情報保護法に関するよくある疑問と回答」　http://www.caa.go.jp/planning/kojin/gimon-kaitou.html#q2-1

10　厚生労働省「臨床研究に関する倫理指針」，p.10

11　Francis L. Macrina ed., "Scientific Integrity Fourth Edition", ASM Press, 2014, p.332.

12　岡崎康司・隅藏康一『理系なら知っておきたいラボノートの書き方　改訂版』羊土社，2011（平成23）年，p.11

13　ORI, "RCR Lab Management", http://ori.hhs.gov/education/products/wsu/data_lab.html.

14　Stanford University, "Suggestions for Keeping Laboratory Notebooks", http://otl.stanford.edu/inventors/resources/inventors_labnotebooks.html

15　Francis L. Macrina ed., "Scientific Integrity Fourth Edition", ASM Press, 2014, p.270

16　岡崎康司・隅藏康一『理系なら知っておきたいラボノートの書き方　改訂版』羊土社，2011（平成23）年，p.79

17　岡崎康司・隅藏康一『理系なら知っておきたいラボノートの書き方　改訂版』羊土社，2011（平成 23）年，p.87

18　岡崎康司・隅藏康一『理系なら知っておきたいラボノートの書き方　改訂版』羊土社，2011（平成 23）年，p.104

19　U.S. Government Printing Office, Code of Federal Regulations, Part 689-Research Misconduct

20　「競争的資金の適正な執行に関する指針」〔2012（平成 24）年 10 月 17 日改正，競争的資金に関する関係府省連絡会申し合わせ〕

21　村松秀『論文捏造』中公新書ラクレ，2006（平成 18）年

22　「薬事法」（昭和 35 年 8 月 10 日法律第 145 号）第 66 条第 1 項，第 85 条第 4 号，第 90 条第 2 号

23　菊地重秋「わが国における重大な研究不正の傾向・特徴を探る─研究倫理促進のために─」，『IL SAGGIATORE』（サジアトーレ同人会），No.40, pp.63-86, 2013（平成 25）年　http://www.jsa.gr.jp/commitee/kenri1309kikuchi.pdf

24　Gorazd Mesko and Aleksander Koporec Oberčkal, "Questionable Research Practices: An Introductory Reflection on Causes, Patterns and Possible Responses", Varstvoslovje 12/2010, 12（4）, pp.440-457

25　National Academy of Science, "Responsible Science: Ensuring the Integrity of the Research Process", Vol. 1, Washington, DC: National Academy Press, 1992, p.28

26　Martinson, B. C., Anderson, M. S., and de Vries, R., "Scientists Behaving Badly", Nature, 435, 2005, pp.737-738. http://www.mbsj.jp/admins/ethics_and_edu/doc/enq2013/all.pdf

27　N. Steneck, "What Do We Know?: Two Decades of Research on Research Integrity", World Conference on Research Integrity, September, pp.16-19, 2007 年における発表資料

28　岡崎康司・隅藏康一『理系なら知っておきたいラボノートの書き方　改訂版』羊土社，2011（平成 23）年，p.13

29　東北大学産学官連携推進本部「学生等の知的財産権の帰属および秘密保持の取り扱いに関する調査研究について」〔（2007（平成 19）年度 文部科学省大学知的財産本部整備事業「21 世紀型産学官連携手法の構築に係るモデルプログラム」成果報告書〕，2008（平成 20）年 3 月

Column

「日本版バイ・ドール」について（産業活力再生特別措置法第30条）

1. 経緯

(1)米国バイ・ドール法

○米国では，1970年代後半の米国経済の国際競争力低下を背景として，1980年に，民主党バーチ・バイ上院議員と共和党ロバート・ドール上院議員を中心とした超党派議員が，政府資金による研究開発から生じた発明について，その事業化の促進を図るため，政府資金による研究開発から生じた特許権等を民間企業・大学等に帰属させることを骨子としたバイ・ドール法（改正特許法）を成立させた。

○これにより，大学における特許取得とその技術移転や，企業の技術開発が加速され新たなベンチャー企業が生まれるなど，米国産業が競争力を取り戻すこととなったと言われている。

(2)我が国での法制化

○一方，我が国では，従来，政府委託資金による研究開発から派生した特許権等の帰属については，国が所有することになっていた。

○平成11年，我が国の産業競争力強化が課題になる中，総理主催の産業競争力会議において，民間側から制度改善についての提言が相次いだ。このため，同年6月に決定した産業競争力強化対策において，米国バイドール法を参考にし，措置を講じる旨決定された。

○これを受け，日本版バイ・ドールを含む産業活力再生特別措置法が，7月21日閣議決定され，国会において審議・可決。同法は8月13日に公布され，日本バイドールについては，同年10月1日から施行された。

2. 目的と制度概要

(1)目的

○日本版・バイドールの目的は，以下の二つ。

　①技術に関する研究活動を活性化すること

　②その成果を事業活動において効率的に活用すること

(2)制度概要

○日本版バイドールとは，政府資金を供与して行う全ての委託研究開発（特殊法人等を通じて行うものを含む。）に係る知的財産権について，以下の三つの条件を受託者が約する場合に，100％受託企業に帰属させることを可能とする制度。

ⅰ）研究成果が得られた場合には国に報告すること

ⅱ）国が公共の利益のために必要がある場合に，当該知的所有権を無償で国に実施許諾すること

ⅲ）当該知的所有権を相当期間利用していない場合に，国の要請に基づいて第三者に当該知的所有権を実施許諾すること

（注）従来，政府の委託研究を通じて得られる知的財産権については，原則，国に100％帰属することとなっていた。

⑶対象となる知的財産権

○以下の知的財産権を，政令にて規定。

・特許権，特許を受ける権利（特許法）

・実用新案権，実用新案登録を受ける権利（実用新案法）

・意匠権，意匠登録を受ける権利（意匠法）

・プログラムの著作物の著作権，データベースの著作物の著作権（著作権法）

・回路配置利用権，回路配置利用権の設定の登録を受ける権利（半導体集積回路の回路配置に関する法律）

・育成者権（種苗法）

出典：経済産業省HP（http://www.meti.go.jp/policy/innovation_policy/bayh-dole.pdf）

Section Ⅳ

研究成果を発表する

1．研究成果の発表
2．オーサーシップ
3．オーサーシップの偽り
4．不適切な発表方法
5．著作権

1. 研究成果の発表

1.1 研究発表の重要性

　科学者の享有する学問・研究の自由（「日本国憲法」第 23 条）は，社会から付託されているものであり，社会の信頼を前提として成り立つものです[1]。科学者の研究成果の発表は次の研究の土台となるだけでなく，人類の知識を深め，文字となった論文や報告は世代を越えて継承される財産となりますが，それに加えて現代の科学者には，人間社会の健全な議論と発展のために，社会の求めに応じて多様な知識や意見を発信することが一層求められています。

　研究成果を社会に発信していくにあたっては，どのような研究が行われ，どのような成果が得られているのかだけではなく，研究のあり方や倫理的配慮について，科学者コミュニティの枠を越えた議論が必要です。

　研究成果を適切な方法で発表し，人々，社会を守ることも科学者の責任です。過去において日本のハンセン病を研究していた科学者は，不治の病とされていたハンセン病について，海外の研究において適切な治療薬，治療方法が開発され，感染を抑えることができるようになっているという情報を日本に正しく伝えなかったために，隔離政策が続けられ，長くハンセン病患者とその家族に残酷な人生を強いることとなりました[2]。また日本における公害，薬害の歴史の中には，科学者の社会的責任の歴史が含まれており，これからの科学者であっても，そうした責任の歴史をきちんと認識することが不可欠です。

1.2 マス・メディアを媒介とした発信

　科学者としての研究の成果は，論文にまとめて学術雑誌などで発表することが基本ですが，分野によってはさらに書籍にまとめて発表したり，また，学会，研究会などで発表することも一般的です。

　一方，ジャーナリストの取材に応じたり，記者会見を開いたりして，研究成果

を公表する場合には，学術雑誌への発表や学会での発表とは違った配慮が必要です。新聞・雑誌などのプリント・メディアであるか，テレビ・ラジオ・インターネットなどの電波メディアであるかを問わず，マス・メディアの影響は現代社会では非常に大きなものがあります。インタビューや共同記者会見に来るジャーナリストは情報伝達のプロであると共に，科学的リテラシーについてもある程度期待することはできます。しかし，科学者はマス・メディアの影響力の大きさを考慮し，それを介した研究発表については慎重でなければなりません。より具体的にいえば，メディアの性格，これまでの報道の姿勢，読者・視聴者層を考慮しながら，そして取材者の個性についても考慮しながら，マス・メディアとのコミュニケーション，さらに，報道の受け手である社会とのコミュニケーションを成立させるように心がけなければなりません。何よりも，研究成果を正確に報道してもらえるよう，資料に基づいて分かりやすく説明する必要があります。逆に，それを超えて，報道の内容・トーンをコントロールしようとするものであってはなりません。

　事後的には，報道された内容に誤りがないか，不適切なところがないかは確実にフォローし，問題があれば適切な対応をメディアに申し入れるべきです。科学者は自分の所属する機関の広報担当者と連絡を取りながら，以上の一連の過程についてしっかりとしたガバナンスを保つことが必要です。

2.　オーサーシップ

2.1　責任ある発表

　通常，学術論文，書籍などによって発表された研究成果は科学者コミュニティだけでなく，社会一般と共有されることになります。その際，適切に発表されなければ，研究の成果は共有できません。

　また責任ある研究は，正直さ（honesty），正確さ（accuracy），効率性

（efficiency），客観性（objectivity）を保持して行われなければならず，成果の発表においてもこれが満たされている必要があります。研究成果の発表の適切さは，科学者が次の3点について明確に記述している内容を基に評価されることになります。

- ・科学者は何をしたのか（方法）
- ・科学者は何を見いだしたのか（結果）
- ・科学者はその結果から何を導こうとしているのか（考察）

責任ある研究成果の発表が満たすべき基準として，アメリカ研究公正局（ORI）の「ORI責任ある研究」[3]は，「最低限」必須なものとして次の三つを挙げていますが，「この基準を満たすことは必ずしも容易ではない」ことであるとしています。

- ・研究についての十分かつ公平な記述（full and fair description）
- ・結果についての正確な報告（accurate report）
- ・知見についての誠実かつ公平な評価（honest and open assessment）

2.2　研究成果のクレジット

科学者の研究への貢献を認めることをクレジット（credit）といいます。論文の著者に表示されるオーサーシップもそうですし，他の著者の研究を「引用」すること，当該研究に貢献した科学者を「謝辞」の中で挙げることもクレジットを与える方法です。いずれも，名前の挙げられた科学者の貢献を認めるものであり，彼らの科学者としての評価にとっても，他の科学者が当該研究の適切さを評価するためにも重要なものです。

学術雑誌に一番早く掲載された論文の著者は，最初の発明・発見者としてのクレジットを受けます。著者としてクレジットを受けたことは，そうした科学者が研究の前進に寄与したことを意味します。科学者コミュニティは，その研究成果を前提にしながら，さらに研究を進めるのです。これは科学者個人の評価の基盤となり，就職・昇進といったキャリアや研究費獲得などにおいても大きな意味を持つことになります。

2.3　オーサーシップと責任

論文の著者として表示されることがオーサーシップ（authorship）です。オーサーシップには義務と責任を伴います。それ

は，著者が，その研究には誤りや虚偽がなく良質のものであるということを保証するものです。つまり，「2.1　責任ある発表」に示した責任ある研究成果の発表が満たすべき基準をクリアしていることを保証し，「必ずしも容易でない」とされる義務を履行する責任なのです。著者の利益相反を明示することも，そのために必要となります。

2.4　誰を著者とすべきか

オーサーシップの責任を踏まえ，誰を著者として名前を挙げるべきかは，とても重要な問題です。当然のことながら，論文の基となった研究の中で重要な貢献を果たした者には著者としての資格があり，そうでない者にはその資格はないと考えるべきです。

国際医学雑誌編集者委員会（International Committee of Medical Journal Editors：ICMJE）の投稿統一規程[4]は，論文の著者として掲載されるためには以下の四つの基準を挙げています。

1.　研究の構想・デザインや，データの取得・分析・解釈に実質的に寄与していること
2.　論文の草稿執筆や重要な専門的内容について重要な校閲を行っていること
3.　出版原稿の最終版を承認していること
4.　論文の任意の箇所の正確性や誠実さについて疑義が指摘された際，調査が適正に行われ疑義が解決されることを保証するため，研究のあらゆる側面について説明できることに同意していること

すべての条件を満たすことがオーサーシップの条件であり，逆に，以上の条件を満たす者については著者として記載されなければならないとしています。

以上のような条件を満たさない者については，例えば「謝辞」に掲載します。研究費の獲得や，研究グループの指導・統括などに関わるだけではオーサーシップの基準を満たさないので，謝辞に掲載することが適当です。詳しくは，後述「4.4　謝辞について」を参照してください。

2.5　著者リスト

論文には著者として複数の人物が名を連ねることが多くあります。その際，著者の果たした貢献が研究の一部に特定されたものであり，そこだけに責任を負う場合には，そのことを明示しなければなりません。そうでない限り，著者は発表

された内容の全体に対して責任があるものとみなされ，自分が実際には行っていない部分にあった研究不正についても，責任を問われることがあり得ます。

　文部科学省の「研究活動における不正行為への対応等に関するガイドライン」において，「特定不正行為に関与したとは認定されないものの，特定不正行為があったと認定された研究に係る論文等の内容について責任を負うとして認定された著者」は，特定不正行為が認定された場合，競争的資金等の応募制限などの措置の対象になるとされています。ここでいう「責任を負うとして認定された著者」の判断は，実質的なケースごとに判断されることになりますが，無用な誤解を招かないためにも，著者リストを適切に記載することが大切です。

　著者リストについては，重要性の順番でつくられることが多いですが，特に重要な役割を果たした著者が，最初あるいは最後に挙げられることを慣例とする専門分野もあり，明確なルールがあるわけではありません。専門分野ごとの慣例に従い，著者たち自身が相談して決めるべきものです。この点については，「V.3.⑧　成果発表のルールとオーサーシップ」を参照してください。

　最近は，論文掲載に先立ち，学術雑誌の側から著者リストに挙がっている各著者に対して，著者であることの確認を求めてくることが多くなってきました。

3.　オーサーシップの偽り

3.1 ｜ ギフト・オーサーシップ

　著者としての資格がないにもかかわらず，真の著者から好意的に付与される，ギフト・オーサーシップ（gift authorship）と呼ばれるものがあります。

　発表論文の内容を知らない者，論文内容に合意していない者は論文に責任は持てません。研究について説明責任を負うのが著者なのですから，実際には研究に貢献のなかった者を著者として記載することは許されません。研究への協力などに感謝の意を表すとしても，著者に加えるのではなく，謝辞などで対応しなければなりません。

　真の著者に対して強い立場にある者が，その立場を利用して著者として論文に名前を連ねさせるケースや，これとは逆に，真の著者が自ら，親しい者や，今後のことを考えると著者としておいたほうが好都合な者を著者に加えるというケースもあるようです。論文がアクセプトされやすいように，その分野で権威のある科学者を著者に加えておきたいという気持ちもあるかもしれません。しかし，こうしたギフト・オーサーシップが不当であることはいうまでもなく，著者に加える側，加えられる側のいずれもが，研究倫理に反する行為であることを強く認識しなければなりません。

3.2 ゴースト・オーサーシップ

　ギフト・オーサーシップとは逆に，著者としての資格がありながら著者としてクレジットされていない場合を，ゴースト・オーサーシップ（ghost authorship）といいます。

　例えば，教授と大学院生との共同研究においてはオーサーシップについて問題が起こりやすいようです。大学院生による実験，データ収集・解析が教授の指示に基づいて行われたものでしかなかったとしても，研究への主体的寄与がある場合には，その院生は著者として挙げられるべきでしょう。

　ゴースト・オーサーシップの中には，利益相反を隠蔽する目的で行われる悪質なものもあります。例えば，製薬会社の社員が臨床研究を実行し，データの解析を行っていたにもかかわらず，大学関係者だけが研究論文に著者として挙げられていたとします。この場合，この社員が著者の一人として挙げられていれば，適切な利益相反マネジメントがとられなければならなかったでしょうし，研究成果の信頼性も大きく変わっていたでしょう。ゴースト・オーサーシップは，このような会社にとってのデメリットを回避する目的で使われることもあるのです。

　さらに，氏名だけは書かれていても，重大な利害関係を持つ会社の社員であることを隠し，所属を偽る行為もゴースト・オーサーシップの一つです。日本で

は，高血圧症治療薬ディオバンの臨床研究全般に，製薬会社の社員が，社員としての身分は明らかにせずに大学非常勤講師の肩書きのみで関わっていた「ディオバン事件」〔2012（平成24）年〕が知られています[5]。

4. 不適切な発表方法

4.1 二重投稿・二重出版

　二重投稿・二重出版とは，著者自身によってすでに公表されていることを開示することなく，同一の情報を投稿し，発表することです。研究論文を投稿する場合，もしその内容の重要な部分をすでにどこかに発表している場合は，そのことを明示する必要があります。学術雑誌の編集者は，著者の正直な申告に基づいて，そのような研究発表を掲載するかどうかの判断を行うことになります。

　二重投稿・二重出版は，自分の業績を多いように見せかけようとする点で問題であるだけでなく，不必要な査読や追試などによって他の科学者の時間と資源を無駄にさせることになります。さらに，人々の健康と安全に対する危険さえもたらすことのあるものです。例えば複数の疫学研究や臨床研究が同一の方向を示していると，科学者はそれを重視し，それに沿った研究を実行することになります。しかし，もしそれらが同一の研究の二重出版だったとするなら，科学者が誤導されたため生じた結論は，公衆衛生政策を誤った方向へ誘導することになるのです。

　二重投稿・二重出版は，捏造，改ざんおよび盗用といった明らかな不正とは異なることもあり，これまでは，これに関する科学者倫理が科学者間で十分に確立しているとはいえませんでした。2012（平成24）年，学内の二重投稿問題を調査した東北大学の報告書は，二重投稿の問題に対応する科学者倫理が十分に成熟し浸透しているとはいいがたいとしています[6]。

　こうした中，2014（平成26）年の文部科学省の「研究活動における不正行為への対応等に関するガイドライン」[7]では，二重投稿が研究者倫理に反する行為として，多くの学協会や学術誌において禁止されていることを踏まえ，科学者コミュニティに対して当該行為が発覚した場合の対応方針を示すよう求めています。

　なお博士論文の公表も，以上の意味での発表に該当することに注意しなければ

なりません。特に，2013（平成 25）年には学位規則が改正され，それまでの紙媒体の公表ではなく，インターネット上で公表されることになりました[8]。これにより，学位授与から 3 ヵ月以内に博士論文がウェブ上で公表されることが通例となるでしょう。博士論文に基づいた論文を投稿するときには，そのことを学術雑誌に対して忘れずに申告することが必要です。また，その際，他人の協力や指導，引用などがあった場合は，謝辞や引用欄にその旨を記載することも忘れてはなりません。

4.2 サラミ出版

一つの研究を複数の小研究に分割して細切れに出版することは，「サラミ出版」または「ボローニャ出版」と呼ばれています。サラミもボローニャも薄く切って食べるソーセージの種類です。

これも二重投稿・二重出版と同様に，業績の水増しになるだけでなく，全体としての研究意義の把握がしにくくなり，他の科学者に無用な手間暇をかけさせるといった点から問題です。もし，一連の情報が一つの論文にまとめられていたのなら，他の科学者はもっと容易に研究の意義を把握できるからです。

研究費の申請，研究ポジションへの応募，昇進などといった場面で，本人の科学者としての能力を，発表論文数や筆頭著者論文数で判断するという傾向が，サラミ出版を助長しているといえるかもしれません。しかし，一編の優れた研究論文は，数個に分割されたばらばらの論文よりも格段にインパクトがあり，科学の発展に貢献するものです。評価する側においても，単に論文数で能力を評価する方法は安易であり不適切だということを正しく認識し，評価の方法を改めていくことも，健全な科学の発展のためには必要です。

4.3 先行研究の不適切な参照

科学研究は，それまで他の研究者によってなされた研究成果の蓄積の上に築かれます。したがって，研究の実施にあたって先行研究をきちんと踏まえることは重要ですし，論文執筆にあたっても先行研究を適切に配慮する必要があります。先行研究を十分に調査することで，オリジナリティのある適切な研究計画が立案でき，研究の意義も明確になります。

すでに行われた研究に対して正当なクレジットを与えるためには，先行研究を十分に調査すると共に，論文執筆にあたって先行研究を適切に参照することが不

可欠です。ときに自分の研究グループと対立する研究グループによる先行研究を意図的に参照しない事例が見られます。しかし，そのような不適切な先行研究の扱いは，科学研究の客観性・信頼性を揺るがすものであるということを認識する必要があります。

4.4　謝辞について

研究論文の発表にあたって，さまざまな形で協力してもらった関係者や，支給された研究費については，謝辞などの形で明記することが必要です。

前述の国際医学雑誌編集者委員会の投稿統一規程でも，オーサーシップの条件を満たさない関係者については「謝辞」で述べるのが適切だと述べています。具体的には，研究費を獲得した人や研究室主宰者，研究代表者，アドバイスを行った人，草稿執筆にあたって文章面・英文構成などで協力してくれた人などで，オーサーシップの条件を満たしていない人です。謝辞では，具体的にどのような寄与・貢献を行ったかと共に明記することが望まれます。

また，研究にあたって研究費の助成を受けた場合は，そのことを明示することも必要です。研究助成元への説明責任を果たすものであるだけではなく，民間企業から助成を受けた場合などは，利益相反の観点からも助成元を明記することが欠かせません。

多くの研究者が助成を受けている科研費では，「MEXT or JSPS KAKENHI Grant Number ＊＊＊＊＊」の様式で謝辞を記すことが決められています[9]。

5.　著作権

5.1　著作権とは何か

著作権は著作物を製作した際，申請や登録といった手続を一切必要とせずに自動的に付与される権利です。著作物は「思想又は感情を創作的に表現したものであって，文芸，学術，美術又は音楽の範囲に属するものをいう」と定義され[10]，

小説，音楽，美術，映画，コンピュータプログラムなどが著作物として著作権法に例示されていますが[11]，科学者が通常取り扱う論文，書籍中の文章・図・表・写真・イラスト，講演，新聞記事，雑誌記事などもすべて著作物です。

5.2 他人の著作物を利用するには

　他人の著作物をコピーしたり改変して二次的著作物を作成し利用する場合には，その著作物の著作権者に了解を得ることが原則となります[12]。また，ジャーナルなどの出版物に掲載されたものは著作権が出版元にある場合が多いので，たとえ自分で書いたものであっても著作権者である出版元の使用許諾を得る必要があります。研究成果が新聞や各種メディアで報道された場合，その記事を自分たちのウェブサイト等で紹介することがありますが，記事そのものを転載する場合には新聞社やメディア機関に許可を申請する必要があります。また研究論文が雑

誌等に掲載された場合，その要旨や目次などを自分たちのウェブ上で転用する場合にも許可申請が必要な場合があります。著作物を二次利用する際には，各著作権者が決めている規定やガイドラインを参照し，適切に利用する必要があります。著作権違反に対しては損害賠償や差し止め請求等の民事的請求のほか，刑事罰が科されることもあります[13]。

5.3 著作権者の了解を得る必要がない二次利用

　著作物を二次利用する場合に，著作権者に了解を得る必要がない場合もあります[14]。例えば国の法令，地方自治体の条例など著作権法で保護対象となっていない著作物の利用，私的使用のための複製，保護期間が満了している著作物の利用などは，転載禁止の表示がされていない限り了解を得ずに使用することができます。また以下に記載するように，他人の著作物を「引用」する場合や，教育や試験の目的で利用する場合，正当な方法で行う限り了解を得る必要はありません。

5.3.1 引用について

　自分の著作物の中で，他の著作物の一部を掲載する行為を「引用」といいま

す。著作権法では「公表された」著作物を「公正な慣行に合致」し，「報道，批評，研究その他の引用の目的上正当な範囲内」で著作物の中に引用できると定めています[15]。少し分かりにくい表現ですが判例等を踏まえると，下記の要件を満たせば著作権者の了解を得ずに引用してよいと考えられます。

① 引用する著作物がすでに公表されたものであること（ウェブ上の公開なども含む）
② 引用する必然性があること（自説の補強などのために他人の著作物を使用するなど）
③ 引用にあたる部分を明確に示してあること（引用部分を括弧で括ったり，書体を変えるなど，自分の著作物ではないことを明示する）
④ 引用する著作物を許可なく改変しないこと
⑤ 自分の著作物が主たる部分で，引用部分は従たるものであること
⑥ 出典を明記すること

これらの要件を満たさずに他の著作物を利用した場合，著作権違反になるだけでなく，研究不正行為として盗用とみなされることがあるので，十分な注意が必要です（「4. 不適切な発表方法」参照）。

5.3.2 教育や試験のための著作物の二次利用について

学校その他の教育機関（塾などの営利を目的とする機関は対象外）で，授業において必要最低限の範囲での著作物の複製等の利用においては，出典を明示すれば許可なく利用しても違法にはなりません[16]。しかし，例えばコピーした資料をインターネット上でダウンロードできる状態にしたり，問題集を1冊すべてコピーして配布することによって著作権者の利益を不当に害する場合などは著作権法違反となります。

また，入学試験，定期試験，各種の資格試験，企業の入社試験などにおいて，すでに公表されている著作物を利用する場合も，許諾を受けることなく利用することができます。これは，試験問題の秘密性を担保するためです[17]。なお，著作物を利用した過去問題集を公表する場合には，事前に著作権者の許可をとる必要があります。

注および参考文献

1　日本学術会議　声明「科学者の行動規範―改訂版―」2013（平成25）年1月25日 http://www.scj.go.jp/ja/info/kohyo/pdf/kohyo-22-s168-1.pdf
2　財団法人　日弁連法務研究財団　ハンセン病問題に関する検証会議「ハンセン病問題に関する検証会議　最終報告書」2005（平成17）年　http://www.jlf.or.jp/work/

hansen_report.shtml#saisyu

3 Nicholas H. Steneck, "ORI Introduction to the Responsible Conduct of Research（web version)"，http://ori.hhs.gov/ori-introduction-responsible-conduct-research

　Nicholas H. Steneck, 山崎茂明(訳)『ORI 研究倫理入門—責任ある科学者になるために—』丸善出版，2005（平成 17）年

4 International Committee of Medical Journal Editors（ICMJE），"Recommendations for the Conduct, Reporting", Editing, and Publication of Scholarly Work in Medical Journals , Updated December 2013, http://www.icmje.org/icmje-recommendations.pdf

5 高血圧症治療薬の臨床研究事案に関する検討委員会「高血圧症治療薬の臨床研究事案を踏まえた対応及び再発防止策について（報告書）」2014（平成 26）年 4 月 11 日

6 科学者の公正な研究活動の確保に関する調査検討委員会「科学者の公正な研究活動の確保に関する調査検討委員会報告書」2012（平成 24）年　http://www.tohoku.ac.jp/japanese/newimg/pressimg/press20120124_01_1.pdf

7 「研究活動の不正行為への対応のガイドライン」の見直し・運用改善等に関する協力者会議「公正な研究活動の推進に向けた「研究活動の不正行為への対応のガイドライン」の見直し・運用改善について（審議のまとめ）」2014（平成 26）年　http://www.mext.go.jp/component/b_menu/shingi/toushin/__icsFiles/afieldfile/2014/03/05/1343915_03.pdf

8 学位規則の一部を改正する省令（平成 25 年文部科学省令第 5 号）

9 文部科学省・日本学術振興会「科研費ハンドブック（研究者用）」（毎年度発行）

10 「著作権法」（昭和 45 年 5 月 6 日法律第 48 号）第 2 条

11 「著作権法」（昭和 45 年 5 月 6 日法律第 48 号）第 10 条

12 「著作権法」（昭和 45 年 5 月 6 日法律第 48 号）第 26，27，28 条

13 「著作権法」（昭和 45 年 5 月 6 日法律第 48 号）第 119-124 条

14 「著作権法」（昭和 45 年 5 月 6 日法律第 48 号）第 30-50 条

15 「著作権法」（昭和 45 年 5 月 6 日法律第 48 号）第 32 条

16 「著作権法」（昭和 45 年 5 月 6 日法律第 48 号）第 35 条，学校その他の教育機関における著作物の複製に関する著作権法第 35 条ガイドライン

17 「著作権法」（昭和 45 年 5 月 6 日法律第 48 号）第 36 条

Section Ⅴ

共同研究をどう進めるか

1. 共同研究の増加と背景
2. 国際共同研究での課題
3. 共同研究で配慮すべきこと
4. 大学院生と共同研究の位置

1. 共同研究の増加と背景

現代の研究活動は，多くの科学者が参加して行う共同研究の形をとることが多くなりました。共同研究の拡大にはいろいろな背景があります。学問自体が複雑化し，役割分担しながらの研究が必要になってきたこともあるでしょう。コンピュータの普及と発展により，大量のデータ分析が可能になり，人文・社会科学の分野でも組織的な研究が進んできたことも要因です。
科学研究の細分化が進行する一方，さまざまな学問分野の科学者が連携・協力する研究活動も広がってきました。「学際研究」（interdisciplinary research）と呼ばれるものは，複数の研究分野や専門知識体系から得られる情報，データ，手法，機器，視点，理論を統合して研究を進めることで，単独の分野では解決できない問題を解決するものです。また，産学連携が進められ，企業と大学との共同研究が進んできたこと，研究開発のコスト軽減，異分野の事業者間での技術等の相互補完等の目的から，共同研究開発が促進されてきたことなども挙げられるでしょう。

2. 国際共同研究での課題

もともと研究活動は国境を越える性格を持っていましたが，グローバリゼーションの下で，国際共同研究も広がっています[1]。共同研究では，さまざまな分野・背景を持つ多くの科学者が関与することから，特別な配慮が必要になりますが，特に，国際共同研究では，それぞれの科学者が育ってきた国の習慣や行動様式を背負っていますし，研究倫理の考え方も同じとはいえないことに注意が必要です。

2001（平成 13）年，理化学研究所の日本人の研究員が，前に勤めていたアメ

リカの民間研究所から遺伝子試料を持ち出したことで，企業秘密を不正に持ち出し，外国政府の利益を図ったとして，アメリカの「経済スパイ法」（the Economic Espionage Act，1996年制定）違反で訴えられたことがありました。研究員は，研究費は自分で取得したので試料は自分に属すると考えたのですが，知的財産に関する日本側の意識の遅れを表すものとして問題になりました。国際共同研究に参加する場合には，それぞれの国の研究倫理やルールを知り，研究グループ内で共有しておく必要があります。

3. 共同研究で配慮すべきこと

科学研究は人類の知的財産を維持・発展させ，社会に大きな影響を与えるので，科学者には大きな責任が伴うものですが，共同研究においては個人責任だけでなく，集団としての責任が求められます。共同研究が適切に行われるためには，次のことが重要です。

① 研究グループの代表責任者（Principal Investigator, PI）を決めること

代表者の存在しない研究グループなどあり得ないと思われるかもしれませんが，機関の長が名目上の代表者となっている場合では，実際の研究責任者が不明確になり，実質的に参加している科学者の個人研究の集合体でしかない共同研究もないとはいえません。多様な科学者が参加する研究グループでは，すれ違いが生じやすいだけに，全体を統合的に運営する責任者が必要です。

② コミュニケーションをよくし，風通しのよい組織とすること

研究組織の規模が大きくなればなるだけ，意思疎通が難しくなり，情報や課題の共有がおろそかになりがちです。企業と大学の共同研究に大学院生が参加する研究は，研究成果発表の時期など相互の利益が一致しないこともあります。また，科学者自身が競争的な関係にあることもありますから，各メンバーはもちろんのこと，代表者をはじめとする中心となる科学者は，組織の内外のコミュニケーションを意識的に促進することが求められます。

③ 役割分担と責任を明確にし，メンバー間で相互に理解しておくこと

　　共同研究者が具体的に取り決めるべき事項として，『ORI 研究倫理入門責任ある研究者になるために』（丸善出版）は，次の事項を挙げています。

- ・プロジェクトの到達目標と想定される成果
- ・共同研究での各研究者の役割
- ・データの収集，蓄積，共有の方法
- ・研究計画を変更する方法
- ・発表原稿の執筆に責任を持つ人
- ・著者の順序と著者となる基準
- ・報告書や会議資料の提出に責任を持つ人
- ・共同研究について公式に説明する責任を
  持つ人
- ・知的財産権や所有権について解決する方法
- ・共同研究を変更する方法と終了の時期

④ 研究目標の明確化

　　共同研究にあたり，研究の目標の検討段階から共同研究者間でコミュニケーションをとるようにすべきであり，それは共同研究開始後に目標の変更を行う際も同様です。

⑤ 法令や指針等の理解

　　分野が異なる科学者が参加する場合，必ずしも，対象とする分野のガイドラインを熟知しているとはいえません。国際共同研究の場合には特に注意が必要です。

⑥ 研究記録のとり方，データの保存，利用方法等

　　研究データの扱いは，多様な関係者が参加する共同研究において特に重要です。研究データの帰属先は，研究資金や機関のルール，国によって異なります。アメリカでは，NSF（National Science Foundation）や NIH の資金で研究を行った場合，データは科学者個人ではなく，機関に帰属します。それ以外は，機関によってルールを定めています。日本でも，例えば，「東京大学大学院医学系研究科・研究ガイドライン（実験系）」〔2014（平成26）年4月改訂〕には，実験ノートも個人に帰属するものではなく，研究室に帰属することが明記されています。

⑦ 知的財産権の取扱い

　企業との共同研究においては，特許などの商品化につながる知的財産の帰属について文書を取り交わすのが当たり前になっています。それ以外に共同研究者内部で特許申請する可能性がありますが，研究成果に基づく特許などの知的財産の取扱いについて，機関による定めが異なる場合があるので，注意が必要です。

　また，共同研究終了後にデータを利用した発表を行う場合のルールなどもあらかじめ決めておかないと，トラブルの種になる可能性があります。関係する機関のルール，研究資金機関のルール等を理解した上で，研究開始時点から合意をしておくことが必要です。

⑧ 成果発表のルールとオーサーシップ

　オーサーシップは，当該研究への貢献を示し，科学者の業績となるものですから，そのルール化は共同研究において極めて重要です。オーサーシップの考え方は，研究分野によって異なっており，異分野の科学者が参加する共同研究では，まずそれぞれの科学者が属する分野の考え方を共有することから始めなくてはなりません。モントリオール宣言は，「共同研究者は，最初と，必要に応じて後に，論文と発表についての決定をどう行うかについて，合意をつくっておくべきである」と述べています。

⑨ 研究上の不正行為

　あってはならないことですが，逸脱した研究行為や研究不正が疑われるようなことが起きないように備えておくことが大切です。このため，共同研究メンバーは，あらかじめ⑥〜⑧のような内容について合意を得ておくと共に，疑義が生じた場合の対応ルールについても話し合っておくとよいでしょう。しかし，何よりもこうした問題が起きないように，お互いにオープンなチェックを行う雰囲気づくりに努めることが大切です。

　企業などとの共同研究の場合には，データや研究成果の帰属について明確に定めた協定書が作成されることが一般的になっていますが，それでも上記に挙げた事項のすべてがこれらの協定書に含まれるわけではないようです。こうした点については文書化することが重要です。日本的な慣習ではなじみがないかもしれませんが，文書化は，暗黙知であった研究倫理を明示化し形式知にすることによって，実質的な共通理解を確保する有効な手段です。

　これらを実現する上で重要なことは，共同

研究メンバー相互の信頼を構築することです。責任と役割分担はあっても，疑問があれば相互に議論し解決する，開かれた人間関係と信頼こそ，責任ある研究活動を共同に遂行する基礎なのです。

4. 大学院生と共同研究の位置

　共同研究で難しいのは，大学院生のように教員と指導関係にある科学者が参加した場合の位置づけです。教員と学生とは，指導・被指導の関係にあるため上下関係と思われがちで，指導教員が一方的に自分の見解を押しつけ，アカデミック・ハラスメントになったり，大学院生のオリジナルの研究成果を何の気なしに教員が自分の研究に使ったりすることもないとはいえません。

　分野や研究室によって，大学院生の位置づけは異なりますが，前節で述べたように，研究目的や内容，業務，役割分担について，教員と大学院生とが話し合い，信頼関係を築くこと，そして共同研究の中で大学院生を成長させる視点が，指導教員はもちろんのこと，メンバー全体に共有されることが必要でしょう。

注および参考文献

1　文部科学省　科学技術政策研究所「調査資料 218　科学研究のベンチマーキング 2012—論文分析でみる世界の研究活動の変化と日本の状況—」2012（平成 24）年 3 月
　芝浦工業大学「柔軟且つ合理的な共同研究契約交渉を進めるための参考事例集等の整備に関する調査研究」〔2009（平成 21）年度文部科学省委託事業「産官学連携戦略展開プログラム」成果報告書〕2010（平成 22）年 3 月

Column

共同研究と独占禁止法

　共同研究で留意しなければならないことの一つに独占禁止法との関係があります。研究開発を共同で行うことによって市場競争が制限されたり，その成果である技術を応用した製品の販売が独占的に行われたりすることで市場における公正な競争を阻害することがあります。特許は知的成果の独占を意味するため，意外に思われるかもしれませんが伝統的に自由市場を重んじ，反トラスト政策をとるアメリカ政府は，特許や企業と大学の連携強化には消極的でした。1980年のバイ・ドール法の制定は，アメリカ経済が長期的に停滞した状況での大転換だったのです。

　その後，世界的に産学連携や特許取得が推進されるようになりましたが，共同研究開発が競争制限的効果を持つことに変わりはありません。そのため日本では，公正取引委員会によって「共同研究開発に関する独占禁止法上の指針」〔2010（平成22）年1月1日改定〕が定められています。例えば，建築資材メーカー3社が建築資材の部品の共同研究開発を行うことに対して，公正取引委員会に対して独占禁止法上問題がないかどうか検討された事例があります。指針において参加事業者の市場シェアが20％以下の場合は問題なく，20％以上でも研究の性格などを総合的に判断するとしていることから，問題ないと回答されていますが，「ただし，当該対象分野における3社の市場シェア合計が30％と高いことから，本件共同研究開発を契機として，生産および販売に関して相互に競争を回避する行為をとることのないよう十分な注意が必要である」と注記しています。

Section Ⅵ

研究費を適切に使用する

1. はじめに
2. 科学者の責務について
3. 公的研究費における不正使用の事例について
4. 公的研究費の不正使用に対する措置等について
5. まとめ

1. はじめに

科学研究を行っていく上で，「研究費」は不可欠なものであり，科学者にはこれを適切に使っていくことが求められます。研究費は研究を最も効果的に行うために使うべきであることはその通りですが，科学者がすべて使いたいように自由に使えばよいというものではなく，また，いうまでもなく研究の目的以外に使用することは許されません。

研究費の使用には，一定のルールがあり，これは，公的な研究費制度だけでなく，民間財団からの助成金，民間企業からの寄付金や受託研究など，研究に使われるあらゆるお金についていえることです。このため，大学等の研究機関には，それぞれ研究費の使用に関するルールがあります。自分が獲得したお金なのに自由に使えないのはおかしいという考えは間違いです。たとえ寄付されたお金であっても，科学者個人の所得ではないので，研究機関の使用ルールを守らなければなりません。

また，科研費などの公的な制度による研究費には，制度の目的に沿った使用ルールがそれぞれ定められています。本章では，「研究費」の適切な使用について見てみましょう。

2. 科学者の責務について

2.1 公的研究費の使用に関するルールの理解

公的研究費を用いた研究を実施する場合は，研究費が適切に使用され，研究目的が達成されるよう，使途，事務手続き，管理方法等が規定されたルールがあります。

　まず，文部科学省，日本学術振興会（JSPS），科学技術振興機構（JST），厚生労働省，新エネルギー・産業技術総合開発機構（NEDO）など公的研究費を配分する機関（以下「助成機関」）は，公的な研究費が研究機関において適切に使用されるためのルールを定めています。

　また，研究機関がそれぞれの属性や規模等に応じて独自に策定しているルールがあり，公的研究費による研究を実施するためには，これら両方のルールにしたがう必要があります。

　公的研究費の使用に関するルールについては，助成機関や配分方法の違い（補助金か委託費か）などにより，ルールが同じでないところがあります。中には，同じ府省の制度であるにもかかわらず，ある制度では認められているのに別の制度では認められていないといったこともあります。このため，研究機関の事務担当者ではない科学者がすべてのルールの詳細まで理解することは困難ですが，かといってルールを知らないと研究をスムースに行うことができなくなるかもしれません。

　助成機関や研究機関では，科学者が研究を実施するにあたり，最低限把握する必要がある内容等について，説明会の開催やパンフレットの作成等を通じて公的研究費の使用に関するルールの周知を図っています。科学者の皆さんは，こうした説明会に参加したりパンフレットに目を通すなどして，公的研究費の適切な使用に関する必要最低限のルールを理解することが大切です。また，こうしたルールの中には，年々改正が行われるものもあります。以前は認められていなかった使い方でも，現在では認められるようになっているかもしれません。そうした情報を知らずに研究を行えば，研究の効率も下がってしまうでしょう。このため，何年か前に一度やったからいいというのではなく，定期的に説明会に参加したり，あらためて最新のパンフレットを読み直すことも必要でしょう。

　ルールの解釈や運用などについてよく分からない点があるにもかかわらず，科学者が独自の解釈や研究室の慣習等によって判断するのは避けるべきです。このようにして研究を進めた場合には，結果として不正な使用につながる可能性もあります。こうしたことにならないように，研究費の使い方で分からないことがある場合には，必ず研究機関の事務担当者に相談するようにしましょう。

　事務担当者への相談について，面倒に感じることもあるかもしれませんが，日頃から事務担当者とのコミュニケーションをよくしておけば気軽に相談できるで

しょう。また，問題が生じる前に相談
すれば，研究に影響を与えることなく
対応することもできますが，不正な使
用になってしまってからではそうはい
きません。その場合，研究機関が設置
する不正調査委員会への協力，助成機
関による措置，研究機関における処分
など，さまざまな負担がかかることに
なります。さらには，研究の継続が困
難になることや，これまで積み上げて

きた科学者としての経歴がすべて瓦解する恐れさえあります。こうしたことにな
らないようにするためにも，分からないことは放置せずに，事務担当者に気軽に
相談するようにしましょう。

　また，研究費のルールについては，研究費を使いやすくするように変えていく
ことが重要です。例えば，最も多くの科学者が対象となっている科研費制度の場
合，科学者サイドからのさまざまな意見に対応して，毎年のように改善が図られ
ています。もし研究費のルールでおかしいなと感じることがあったら，研究機関
の担当を通じて助成機関に尋ねたり，制度改善の要望を出すことも大切です。ど
うせだめだからと初めからあきらめたり，自己流で判断するというのは，よりよ
い社会との関係を築こうとする立場の科学者の姿勢ではありません。

2.2　研究機関における研究費の適正使用の確保への協力

　それぞれの研究機関では，研究費の適正な使用を確保するため，研究費の管
理・監査の体制整備に係る取組みを行っており，その中で，研究機関内の科学者
を対象とした研究費の適切な使用に関する説明会や，パンフレット等の作成を通
じてルール等の周知を図っています。科学者の皆さんは，各研究機関のこうした
取組みに積極的に関わることが大切です。

　また，研究機関においては，公的研究費の管理・監査に係る取組みの実効性を
高めるために，科学者に対して，機関の規則等を遵守すること，不正を行わない
ことなどを条項として盛り込んだ誓約書の提出を求めることもあります。

　さらに，万が一，研究費の使用に関して問題が指摘された場合は，研究機関内
における調査に対して積極的に協力する必要があります。当該調査に対して非協
力的だった場合は，不正な使用とみなされ，助成機関や研究機関からのペナル
ティを受ける可能性があります。

　その他，文部科学省においてガイドラインを策定し，研究機関に対して公的研

究費の管理・監査のため，さまざまな取組みを実施するよう要請をしています。研究機関においてこれらの取組みを行うためには，科学者の協力が不可欠です。

研究機関における公的研究費の管理・監査のガイドライン（実施基準）[1]（2007（平成19）年2月15日大臣決定，2014（平成26）年2月18日改正）における研究機関の主な取組

・公的研究費に関わる全ての科学者に分かりやすいようにルールを明確に定め，周知する。
・公的研究費に関わる全ての科学者を対象にコンプライアンス教育（機関の不正対策に関する方針及びルール等の周知を含む）を実施し，受講状況や理解度を把握する。
・コンプライアンス教育の内容を遵守する義務があることを科学者に理解してもらうと共に，意識の浸透を図るため，誓約書等の提出を求める。
・機関内外からの告発等（機関内外からの不正の疑いの指摘，本人からの申出など）を受け付ける窓口を設置する。
・研究機関において公的研究費の不正な使用が認定された場合は，不正に関与した科学者の氏名，所属，不正の内容等を公表する。
・取引業者との癒着を防ぐため，研究機関は，規則等を遵守し，不正に関与しないこと，科学者から不正な行為の依頼等があった場合には通報することなどの事項を含めた誓約書の提出を求める。
・研究機関は，公的研究費の不正な使用の発生の可能性を最小にすることを目指し，抜き打ちなどを含めたリスクアプローチ監査を実施する。

2.3　民間からの助成金等の取扱い

公的研究費以外の民間団体からの助成金，民間企業からの寄付金や受託研究などの使用についても，大学等の研究機関が定めるルールにしたがう必要があります。科学者が大学等の研究機関に属して身分を有している以上，その研究活動については各機関も責任を有しており，研究費の使い方についてもこの中に含まれます。たとえ寄付されたお金であっても，科学者個人の所得ではないので，研究機関の責任の下で適切に管理することが必要です。

一方，民間の助成団体などの中には，研究助成はあくまで科学者個人に行うものであるから，助成金も科学者個人の口座にしか入金しないという場合もあります。こうした場合，一旦個人の口座に入金された助成金を所属する機関の管理に移し替えるようにするというルールを定めていることが一般的です。ただし，こ

うした場合でも，実際には移し替えが行われず，該当の科学者が個人で管理する例もあるようです。個人管理でも適正に管理すればよいではないか，との意見もあるかもしれませんが，問題が起きなければよいということではなく，前述したように研究機関という組織に属して研究活動をする以上，機関としての管理責任

も発生するのだということを理解し，機関が定めるルールにしたがうことが必要です。研究活動はもともと科学者個々人の活動であることはいうまでもありませんが，ほとんどすべての科学者は組織の一員として，あるいは社会の一員として研究活動をしているということを理解する必要があります。

3. 公的研究費における不正使用の事例について

研究費の不正使用について，いくつかの事例を見てみましょう[2]。

事例紹介① 架空発注と預け金による不正

架空発注により業者に預け金を行う行為は不正使用に該当します。

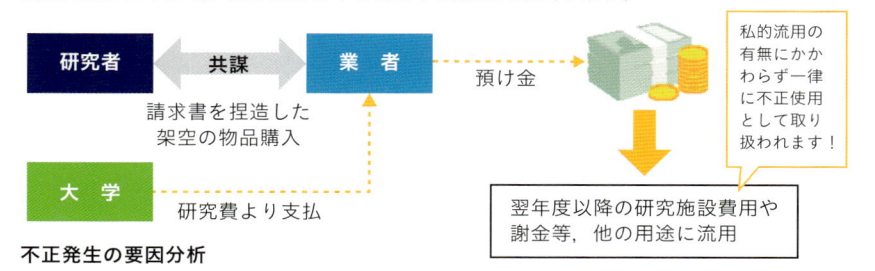

不正発生の要因分析

■使用用途，使用年度にかかわらず，研究費を自由に使用したかった（動機）

■発注から納品までを研究者自らが行うシステム（機会）

■規則に対する遵守意識および公的資金であるという認識の欠如（正当化）

措置

■補助金の返還命令

■4年の競争的資金への申請および参加資格制限

　（改正後は最長5年）

■関係業者に対して一定期間の取引停止

■懲戒処分等機関内での人事処分

重要なポイント

繰越事由に合致し繰越制度を適切に利用すれば，不正など行わなくとも翌年度使用は可能であった。

　これは，実際には購入しない物品を購入したことにして，その代金を業者に「預け金」として管理させ，他の物品の購入などに使用するというものです。研究費では購入できない物品を購入したい，物品の購入にいちいち手続きが必要で時間がかかる，会計年度をまたいだ研究費の処理がしにくいなどの理由から，ルール違反をするケースがみられます。こうした中には，実際には「繰越制度」を活用するなどルールの下での対応が可能であったのに，勝手にできないものと誤解していたために不正になってしまったケースもあります。なお，科研費のうち基金化の対象となっているものについては，すでに会計年度による研究費の使用の不都合は全くない状態に改善されており，預け金などの不正防止の面でも大きな効果があると期待されます。

事例紹介②　架空人件費（謝金）による不正

研究協力者に支払う給与について，実際より多い作業時間を出勤簿に記入して請求することは不正使用に該当します。

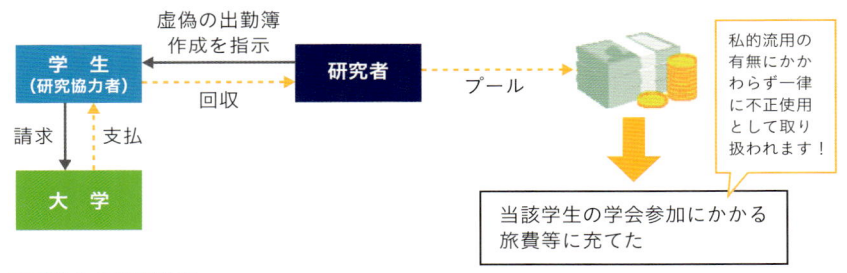

不正発生の要因分析

■使用用途にかかわらず，研究費を自由に使用したかった（動機）

■勤怠管理が研究室任せで，事務部門が勤務実態を把握していない（機会）

■規則に対する遵守意識および公的資金であるという認識の欠如（正当化）

措置

■補助金の返還命令

■4年の競争的資金への申請および参加資格制限（改正後は最長5年）

■懲戒処分等機関内での人事処分

　これは，例えば，研究室の大学院生に対して謝金を支払ったことにして，それを研究室にプールしておき，学生の旅費などに使うというものです。こうした中には，学生たちのために使うのだから不正ではないと主張するケースもあるかもしれません。しかし，謝金を回収するという行為はプール金をつくるための不当な手口でしかなく，さらにこうしたことを学生の面前で行うということは，誠実

な科学者の育成の観点からしても好ましくない行為だと考えるべきです。なお，例えば科研費では，研究課題の遂行に必要であれば，大学院生に出張旅費を支給することが認められています。

事例紹介③　架空旅費・交通費による不正

実際に要した金額以上の経費を申請することは水増し請求であり不正使用に該当します。

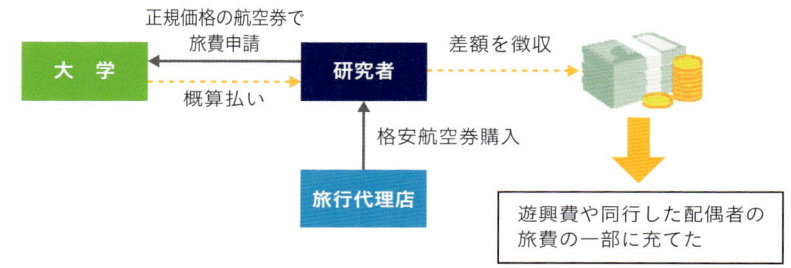

不正発生の要因分析

■研究費を私的目的で使用したかった（動機）

■出張が申請通りに行われたかどうかのチェック体制の不備（機会）

■規則に対する遵守意識および公的資金であるという認識の欠如（正当化）

措置

■補助金の返還命令

■5年の競争的資金への申請および参加資格制限（改正後は 10 年）

■懲戒処分等機関内での人事処分

　旅費に関しては，各機関においても，実際に使用した航空券の半券を提出してチェックするなど，不正が起きないような仕組みをとっています。にもかかわらず，さらに制度の網の目をくぐるようにして不正が行われるとすれば大変悪質な不正であるといえるでしょう。また，こうした不正の手口が発生すると，旅費に関する規制はますます厳しくなり，それにより，他の多くの科学者の研究活動に必要以上の束縛と負担がかかってしまうことも考えられます。少数の科学者の不正であっても，科学研究全体に大きな悪影響を与える恐れがあると認識することが必要です。

4. 公的研究費の不正使用に対する措置等について

4.1 不正な使用に係る公的研究費の返還

　助成機関は，研究機関において科学者による研究費の不正な使用があった場合は，研究機関から最終報告書の提出を受け，補助金等に係る予算の執行の適正化に関する法律や委託契約書等に基づき，不正に使用された金額の返還を求めます。過去のものであった場合には，さらに法律等に基づく利率の加算金が課せられます。返還については，不正とされた全額を自らが使用したものではなく，例えば研究室の学生の研究活動に使用していたといった事情があったとしても，返還の責任は公的研究費の研究代表者にかかります。また，たとえ使用目的自体には問題はなかったとしても，研究費の会計ルールなどから不正とされれば，やはり返還しなければならないことになりますので注意が必要です。

4.2 競争的資金制度における応募資格の制限

　助成機関は，競争的資金制度において不正な使用を行った科学者に対して，その不正の度合いに応じて，競争的資金制度への応募資格を一定期間（1 ～ 10 年）制限する措置を講じます。この措置は，競争的資金制度の所管府省において申し合わせをした「競争的資金の適正な執行に関する指針」〔2005（平成17）年 9 月 9 日〕に基づくものです。

　この措置は，例えば，科研費における不正によるものであっても，科研費以外の競争的資金制度を含め，他府省を含むすべての競争的資金制度の応募資格に制限が適用されるものです。

　また，この応募資格制限の対象になるのは，不正な使用を実際に行った科学者だけではありません。研究費の配分を受けた科学者は，当該資金をきちんと管理する義務（善管注意義務）を負います。競争的資金制度における応募資格制限は，配分を受けた科学者本人が不正な使用をしていなくても，例えば，研究の補助をしていた者が研究費を不正に使用したような場合にも対象とされることがあります。この場合は，助成機関が科学者に対し，善管注意義務を怠っていたとし

て，一定期間（1～2年）応募資格制限の措置を講じます。

4.3 研究機関内における処分

　科学者が研究費の不正な使用を行った場合は，助成機関による応募資格制限の措置だけではなく，科学者が所属する機関の規程に基づき，科学者に対して懲戒処分がなされることがあります。また，不正事案が特に悪質な場合などは，研究機関が当該科学者を刑事告発し，裁判で刑事罰が科せられることもあります。例えば，物品を購入したようにみせかけて他の用途に使っていた場合，それが研究機関をだましていたに等しいような悪質なケースとみなされれば，詐欺罪が適用されることもあります。

　さらに，研究機関によっては，規程に基づき，当該不正事案に関わった科学者の氏名等を公表する場合もあります。

　このように，研究費の不正な使用をした場合には，研究費の返還や応募制限のペナルティだけでなく，研究機関においてもこのような処分を受ける可能性があることに留意する必要があります。

4.4 その他

　文部科学省，厚生労働省，総務省において，公的研究費の管理・監査に関するガイドラインが改正され，2014（平成26）年4月から適用されています。本ガイドラインにおいては，研究機関において，公的研究費の管理・監査体制について不備がある場合に，当該研究機関に配分している間接経費の一定割合を削減することとしています。

　公的研究費の管理・監査体制には，科学者に対する取組みも含まれていることから，科学者の皆さんも，それらの取組みの不備により，研究機関に対する間接経費が削減されないよう，研究機関が実施するガイドラインに沿った取組みについて，協力する必要があります。

【参考】間接経費について
　間接経費とは，競争的資金制度による研究の実施に伴う研究機関の管理等に必要な経費を，直接経費に対する一定比率（科研費などの場合は30％）で手当されるものです。間接経費は，研究機関において，競争的資金制度を獲得した科学者の研究開発環境の改善や研究機関全体の機能向上に活用するための重要な資金の一つとなっています。

5. まとめ

　本章でこれまで述べてきたように，特に公的研究費については，国民からの貴重な税金を原資としており，その不正な使用については，報道等で大きくとりあげられることもあります。こうしたことは，研究面の不正と同様，科学研究への信頼や夢を傷つけるものであると共に，科学研究予算の減にもつながりかねません。一部の科学者の行為であったり，また，不注意であったとしても，こうしたことが繰り返されると日本の科学研究界全体にも大きな悪影響を与えてしまうということを認識し，研究費の適切な使用を日頃から心がけることが重要です。

　ルールは研究を縛るためにあるものではありません。ルールには理由や背景があるものです。研究費のルールについてやみくもに覚えるというのではなく，ルールの意味が分からないときには，事務担当者に聞いたり，助成機関に尋ねたりして，きちんと理解すれば，研究もスムースに進めることができるでしょう。また，前にも述べましたが，研究活動がより効率的・効果的に行えるように，研究機関内で事務担当側を含めて相談したり，助成機関にルールの見直しを求めていく姿勢も大切です。こうしたことも，科学者の責任の一つといえるでしょう。

注および参考文献

1　文部科学省「研究機関における公的研究費の管理・監査のガイドライン（実施基準）の改正について」　http://www.mext.go.jp/a_menu/kansa/houkoku/1343831.htm

2　文部科学省「研究機関における公的研究費の管理・監査のガイドラインについて（研究者向け）」　http://www.mext.go.jp/component/a_menu/science/detail/__icsFiles/afieldfile/2014/08/05/1350202_2.pdf

Section

科学研究の質の向上に
寄与するために

1. ピア・レビュー
2. 後進の指導
3. 研究不正防止に関する取組み
4. 研究倫理教育の重要性
5. 研究不正の防止と告発

1. ピア・レビュー

1.1 ピア・レビューの役割

　科学研究の質を保証し向上させる上で，重要な役割を担うのが「ピア・レビュー」です。ピア・レビューとは，同業者（peer）が審査（review）することであり，研究論文の学術誌への掲載や研究助成金の採択，科学者の採用や昇進，大学・研究機関の評価など，科学研究に関わるあらゆる場面で評価の中核になるものです[1]。そのような場面ですぐれた判断を行うことができるのは科学者だけであり，科学研究に関わるあらゆる意思決定を科学者コミュニティの手で行っていくことが重要だという認識に基づくもので，科学者コミュニティの自律性の基礎となるものです。例えば特定の学説を政治的理由で支持するといった科学研究への政治の介入は，科学研究をゆがめることになります。科学研究の健全な発展にとって科学者コミュニティの自律性は不可欠であり，そのためにもピア・レビューが重要なのです。

1.2 研究論文・研究費申請のピア・レビュー

　ピア・レビューは，日本語では「査読」とも呼ばれ，ピア・レビューを行う人を「査読者」といいます。科学研究の質を最もよく評価できるのはその分野を専門とする科学者であるという考えが，ピア・レビューの前提になっています。論文を投稿する側からすると，ピア・レビューは論文掲載のために必要な手続きの一つに過ぎないと考えがちですが，実際には，問題のある論文をチェックし，優れた論文を世に出すゲート・キーパーの役割を持ちます。

1.2.1 研究論文のピア・レビュー

　研究論文が学術雑誌に掲載されるまでのプロセスは，通常，次のようなものです[2]。

1. 論文著者が学術誌に論文を投稿する
2. 学術誌の編集者・編集委員会（以下，編集者等）が投稿論文を検討し，査読にまわすかどうかを決める
3. 投稿論文を査読するのにふさわしい当該分野の科学者（通常2名以上）に査読を依頼する
4. 査読者は投稿論文を検討し，査読結果報告書を作成し編集者等に提出する
5. 査読者からの査読結果報告書を受け，編集者等は論文の掲載（アクセプト）・却下（リジェクト）等を決める。多くの場合は，条件をつけ，修正を求めた結論となる
6. 編集者等は投稿者に審査結果を報告する

　学術雑誌のカバーする分野や編集方針に合わない場合や，投稿論文の質が明らかに掲載に値しないと判断された場合などは，査読に送られる前の段階で編集者等の判断で掲載却下の決定が下されることも少なくありません。
　査読者は，専門的見地から投稿論文が掲載に値する一定の水準を満たしているかについて，新規性や重要性，研究手法や論文構成の妥当性，データ解釈の適切性などの観点から評価します。審査結果報告書では，論文の掲載の可否について，①そのまま掲載可，②軽微な修正で掲載可，③大幅な修正により掲載可，④却下などの審査結果と共に，問題点の指摘や改善のためのアドバイスなどについてコメントします。投稿者は必要に応じて修正を行うなどし，編集者等は，査読者からの査読結果を踏まえて，掲載の可否を最終的に決定します。

1.2.2　研究費申請のピア・レビュー

　科研費などの公的な研究助成の審査も，助成対象となる研究プロジェクトの質を保証すると共に，選考プロセスの公平性・客観性を確保するために，ピア・レビューによって行われます。

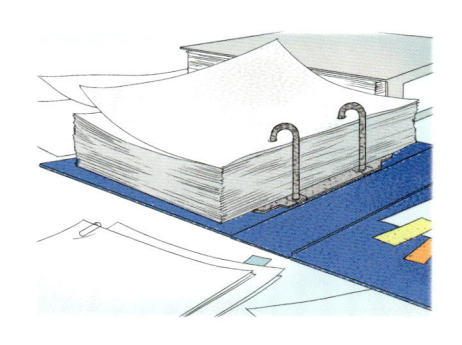

　科研費の場合は，①審査委員の選定，②第1段審査（書面審査），③第2段審査（合議審査），④採否の決定といったプロセスにおいて，いずれも専門分野の科学者によるピア・レビューに基づき判断が行われています。審査委員の選定は，日本学術振興会審査委員候補者データベースに登録されている科学者の中から，当該学術分野に精通し，公正で十分な評価能力を有する者であることなどの

基準[3] に沿って行われます。

　また，採択課題の選定に関する審査基準についても，科学者によって構成される専門の委員会の検討に基づいて決められており，ピア・レビューの考え方が制度全体を支えているといえるでしょう[4]。

　民間の財団による研究助成の場合も，類似のプロセスで採択課題が選定されることが多く，科学研究では助成課題の審査は基本的に科学者が中心的な役割を担います。

1.3　査読者の役割と責任

　査読者は大変重い責任を持っています。800以上の学術誌が母体となって組織している科学編集者評議会（Council of Science Editors）は，査読のあり方として次の点を挙げています[5]。

- **守秘義務**：査読対象の論文の内容について第三者に開示しないこと。査読終了後は投稿論文を保持せず，査読過程で得た情報を査読以外の目的で利用しないこと。
- **建設的批判**：査読対象の論文のすぐれた点を評価すると共に，問題点についても建設的な立場から指摘し，改善方法などを示すこと。査読者には建設的なコメントを行うことが期待される。
- **適格性**：査読対象の論文について適切に評価できる専門的能力を持ち合わせている場合のみ査読を引き受けること。専門分野が違うなど，適切な評価を下すことができないにもかかわらず，論文の掲載可否に影響を与えることを避ける必要があります。
- **公平性・誠実性**：偏見や先入観を排除し，客観的で公平な観点から審査を行うこと。論文の審査にあたっては，科学的意義や新規性，論文の構成や学術誌の扱う分野などだけを判断の根拠とすること。
- **利益相反の開示**：客観的な審査に影響を与えうる利益相反について，査読を依頼されたときに編集者等に開示し，必要な場合は査読を辞退すること。
- **迅速な対応**：査読依頼に対して迅速に対応し，査読結果の報告について期限を順守すること。期限を順守することが不可能な場合は査読を辞退するか，あらかじめ編集者等に相談すること。

査読には，公平性・客観性が保たれること

が重要であり，例えば，教え子など指導的関係にある者の論文や申請書の査読には
バイアスが生じ得ます。また競合関係にある科学者により査読者と密接に関係ある
研究テーマの論文が投稿された場合には，論文の掲載が自分の研究活動に影響を与
えるため，バイアスが生じる可能性があります。そのような利益相反が生じている場
合には，査読の辞退を検討するなど，慎重な対応をとる必要があります。

　学術誌の中には，バイアスを避けるために匿名制をとるものがあります。査読
者の氏名は伏せられるが査読者は投稿者が誰かを認識しているシングル・ブライン
ド制以外に，査読者・投稿者双方が匿名であるダブル・ブラインド制を導入し
ている学術誌もあります。これとは逆に英国医師会誌は，匿名制に隠れて査読者
が不正を行うことを防ぐため，査読者・論文投稿者をお互いに匿名にしないオー
プン・ピア・レビューを採用しています [6]。

　生データがない状態で研究不正を発見することは一般的には困難ですが，誤っ
たデータの利用，不十分な仮説の検討，他人の研究を尊重せず無理な論理で構築
された投稿論文などについてのチェックとコメントは，論文の質を上げる意味で
も重要です。学会の多くは査読要領や手引きを定めています。投稿された論文が
すでに別の学会誌等で発表されている場合（二重投稿・二重出版），他の著作物
から断りなく記述している場合（盗用）など，不正の疑念が生じた場合は，事実
関係を確かめ，編集者等に相談しながら解決することが必要です。

1.4　ピア・レビューの課題

　ピア・レビューは科学研究の質を保証し向上させる仕組みですが，いくつかの問
題も指摘されています。例えば，既存の研究の枠組みに収まらない斬新な研究は，
ピア・レビューの仕組みではよい評価を得にくいという点が指摘されています。

　また，査読者には公平性・客観性が求められているものの，実際には論文や研
究計画の審査にあたってバイアスが完全には排除できないことが指摘されていま
す。そのようなバイアスを避けるためのブラインド制も，コミュニティの規模が
小さいと，投稿者の名前を伏せても投稿者が推測できてしまうことも多く，ま
た，別のマイナス面もあるとの意見もあり，その実効性については疑問も抱かれ
ています。

　ノーベル賞受賞者を輩出したアメリカのベル研究所で，超電導の画期的な論文
を量産していたヘンドリック・シェーンが『ネイチャー』や『サイエンス』に掲
載した論文すべてが捏造だと発覚したのは 2002 年でした。これらの論文の査読
プロセスでは，論文に疑問を提示し掲載に反対した査読者もいましたが，結果的
には掲載されてしまったのです [7]。

　これらのことからピア・レビューの限界も指摘され，科学研究の質を保証し向

上する仕組みとしてピア・レビューがベストなのか，それ以外の仕組みがあるのか，さまざまな取組みがなされています[8]が，現時点ではピア・レビューなくして科学研究が行われることはあり得ないというのが結論といえるでしょう。このように重要な意味を持つピア・レビューですから，科学者は査読の質と倫理を高めることを忘れてはなりません。

2. 後進の指導

2.1 メンターとしての指導責任

科学研究は，それまで営々と積み上げられてきた知識の継承が前提となっていますが，研究を担う人を次の時代のために育てていくことも，科学の発展にとって不可欠であり，後進を指導することは現在の科学者にとっての大きな責任です。特に教育機関である大学においては，学生や若い研究者（メンティー）と，これを指導する者（メンター）との関係は重要です。

科学者コミュニティが社会からの信託を受け，その特権を享受できるためには，コミュニティに所属するメンバーが，倫理綱領や行動規範に示された価値を共有し，それらに基づいた倫理的判断と行動ができるようにしなければなりません。このために，指導者・助言者であるメンターは，単に，専門領域における知識やスキルを伝授するだけでは不十分です。メンターは，「科学者とは何であるか」，「科学研究の目的とは何か」，「それは人類の福利にどのように貢献できるのか」といった，科学者の根源的な役割や社会的責任に関わる問いを継続的に投げかけ，後進の科学者であるメンティー（大学院生ら）との対話を通して，価値観の共有を図り，「科学者になること」について指導をする必要があります。単なる「科学」教育ではなく，「科学者教育」を目指さねばなりません。

1990年代以降，わが国の研究費の配分方法は，「競争的資金」方式に大きくシフトしました。研究費獲得のため，業績をあげ，よりよい申請書を書くために科学者が多くの時間と労力を使うようになりました。さらに，同時期に始まった大

学院重点化政策の影響で，指導すべき大学院生の数は急増しました。そのような環境の中で，残念ながら科学者が大学院生に対し「科学者になる」ための教育や指導を行う時間が減ってしまったのは事実です。

　経験を積んだ科学者，特に，教育・研究機関に所属する科学者は，優れた研究業績をあげることと同等，あるいはそれ以上に重要な役割として後進を指導・支援する役割を強く認識しなければなりません。研究現場における個々の「研究作法」は多様であっても，メンターが持つ役割の中で最も重要なことは，メンティーが職業上の行動規範を理解し，遵守していくことを支えることです。

　その際，小規模な研究室では，多くは気楽で自由な雰囲気の中でメンターによる個人的な指導が可能ですが，メンターとしての意識を忘れてはいけません。さらに，メンターによる指導に加えて研究者が属する組織が各構成員の倫理的な行動を促すための組織的な取組み，つまり研究倫理プログラムを継続的に実施することが必要です。

　研究倫理プログラムとは，各研究機関の「設立目的やビジョン，組織構成に基づく『価値共有』のための包括的な取組み」であり，「各機関が研究を行っていく上で重視すべき価値群とその優先順位，あるいは原則などを倫理綱領や規程の形で明示し，これを基に構成員が適切な意思決定を行うことができるように権限委譲を行う，一連の組織的な活動」といえます[9]。プログラムを構成する要素については，2006（平成18）年版の日本学術会議の声明「科学者の行動規範について」で次のような項目が挙げられています[10]。

① 各機関の倫理綱領・行動指針などの策定と周知徹底
② 倫理プログラムの策定・運用とトップのコミットメント・リーダーシップおよび常設専門部署・制度の確立
③ 倫理教育の必要性
④ 研究グループの留意点（自由，公平，透明性，公開性の担保された関係，倫理に関するコミュニケーションなど）
⑤「科学者の行動規範」の遵守を周知徹底
⑥ 疑義申し立て制度・調査制度の確立・運用
⑦ コンプライアンス・利益相反ルール
⑧ 自己点検システムの確立

　その際，研究教育組織は，後進の指導を個々のメンターに委ねるだけではなく，「研究倫理プログラム」の策定と運用により，科学者が共有すべき価値を健全な形で伝承し，社会からの信託の得られるプロフェッションとしての科学者コミュニティの継続，発展に努めるべきでしょう。

2.2 博士課程の学生の指導と責任ある論文審査

博士課程の学生は，科学研究の世界に入る最も大事な時期にあるといえるでしょう。将来の独創的な研究にしても，博士課程の時期の着想や研究指導が大きな影響を与えることは少なくありません。ですから，指導教員と学生との間でよりよいコミュニケーションをとりながら，学生が誠実な科学者として育つように十分な指導をしていくことが必要です。

博士課程の学生はその研究成果の集大成として博士論文をまとめます。博士論文は研究論文の一つではありますが，博士論文が認められ博士の学位が授与されるということは，誠実な科学者を養成する課程を修了したことの証しであり，博士の学位はその後の研究生活を送っていく上での科学者のパスポートのような意味を持っています。このように，博士の学位が世界中に通用するものであることに鑑み，その「質の保証」には十分に意を配る必要があります。もし質の保証が不十分なものになれば，学位を有する個々の科学者に対する信頼はもちろんのこと，科学研究全体への信頼を傷つけることにもつながりかねません。このため，学位論文のテーマの設定に始まり，研究の過程，論文としての取りまとめに至るまで，指導教員はきめ細かな指導を行うことが必要ですし，また，大学における論文の審査にあたっては，誠実な科学者としての質の保証の責任を十分に認識しながら審査にあたることが大切です。「質の保証」の仕方や内容は分野によって異なることがありますが，共通していることは透明性と公平性です。

3. 研究不正防止に関する取組み

研究不正を防止し，責任ある研究を行うためには，心構えだけでなく，国・学会・大学などの研究倫理を維持する仕組みをよく理解して行動する必要があります。

3.1 指針・ガイドライン等の役割

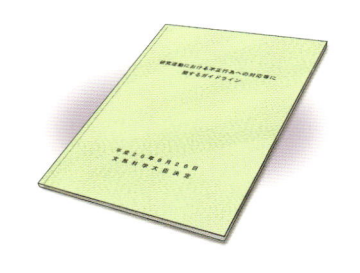

　日本にはアメリカ連邦規則のように研究倫理を定める直接的な法律はありませんが，省庁が定めた指針類が，研究倫理に関して大きな役割を果たしています。2006（平成18）年2月28日，総合科学技術会議は「研究上の不正に関する適切な対応について」を公表し，日本学術会議をはじめとする科学者コミュニティ，関係府省，大学および研究機関等が倫理指針や研究上の不正に関する規定を策定することを求めました。これを受けて，文部科学省，環境省，農林水産省，総務省，厚生労働省，国土交通省，経済産業省が，それぞれ所掌している研究費に基づく研究において，不正行為の定義と対応指針を定めました[11]。また研究不正だけでなく，人権や生命倫理に配慮し，関連する研究への着手そのものを許可制にする指針が多数つくられています。さらに，企業との共同研究の場合は，開発した技術を利用した市場独占によって公正な競争を妨げる恐れがあり，公正取引委員会が「共同研究開発に関する独占禁止法上の指針」〔2010（平成22）年1月1日〕を定めています。

　これらの指針は，告示や通知などの形をとり，違反しても刑事罰を科すような強制力はありませんが，省庁が所管する研究助成の停止や返還請求の根拠となるほか，大学・研究機関における処分事由になりますので，研究倫理を守る上で留意が必要です。

　また大学・研究機関では，これらの指針を遵守して実行するための規範・規程類を作成しています。指針そのものは，省庁の所管する研究費に基づく研究に対するものが多いのですが，責任ある研究の考え方は，研究費の性格によって異なるものではありません。自分の研究がどのような指針を守らなければならないか，把握しておかなければなりません。

3.2 学会・専門団体の役割

　研究活動の発表舞台は学会であり，ほとんどの科学者は学会に属して活動を行います。国内外を問わず，学会では倫理綱領や論文の投稿規程を設け，専門家集団としての研究倫理確立に向けて取り組んでいます。日本学術会議の2005（平成17）年調査では，倫理綱領を制定済み・制定中の学協会は，回答学会の12.1％でしたが[10]，2013（平成25）年に行われた別の調査では[12]，回答数の約43％の学会が「捏造，改ざんおよび盗用」の研究不正を規範として定めるか検討

中で，二重投稿の禁止については約33％が規範として定めるか検討中であることが分かりました。まだ十分とはいえませんが，規範を明文化し，形式知として共有する取組みが始まりつつあるといえましょう。

アメリカでは，例えば「アメリカ社会学会倫理規程」〔ASA（American Sociological Association）Code of Ethics，1970 年制定，2008 年改訂〕は，基本原則を含め全20章30ページにおよぶ詳細なもので [13]，社会学を教える際の倫理規程も別に定められています。会員数13万7,000人，日本人の会員も1,000人を超える世界最大の学会であるアメリカ内科学会の「倫理手引き」（American College of Physicians Ethics Manual，2012年6版）は，丁寧な参照文献もついた32ページのしっかりしたものです。また3万5,000人の会員を擁するアメリカ技術者協会は，倫理審査委員会を設置して倫理上の問題事例を審査・公表し，研究倫理の普及に努めています [14]。

3.3 研究機関の役割

大学や研究所などの機関は，業務として研究を行う組織ですから，所属する科学者が研究倫理を守り，逸脱した行動をとらないように規程を整備し，告発・調査の手続きを定め，科学者を啓蒙する責任があります。2013（平成25）年に行われた文部科学省による「研究活動における不正行為に関する大学等の研究機関の取組状況について」[15]では，全体の84％の機関において規定を設けて周知を図っているなど，取組みが進んでいることが分かりました。しかし，同年に行われた別の研究グループの調査では，「捏造，改ざんおよび盗用」の禁止を64％の大学が定めていますが，二重投稿の禁止を明記しているのは29％の大学であることが分かりました [12]。科学者の皆さんは，所属している機関の規範だけではなく，関連学会の規範などについても理解するようにしてください。

2014（平成26）年8月に改正された文部科学省「研究活動における不正行為への対応等に関するガイドライン」の中では，組織の管理責任を明確化すること

を柱とし，規定の整備，部局単位での研究倫理教育責任者の設置，告発窓口の設置・周知，調査の迅速性・透明性・秘密保持の担保が盛り込まれました。研究倫理の周知徹底に大学・研究機関が果たす役割は，ますます大きくなっています。

4. 研究倫理教育の重要性

4.1 専門職と職業的倫理

　科学研究の質を保証し向上させるためには，何よりも研究不正を未然に防止すると共に，責任ある研究を推進することが欠かせません。そこで重要な役割を担うのが，個々の研究者が責任ある研究の遂行に欠かせない知識とスキルを身につけると共に，責任ある研究が推進されるような研究環境をつくっていくことです。

　過度に競争的な研究環境が研究不正を誘発している可能性は，これまで多くの人が指摘してきました。組織として責任ある研究の実現に向けた取組みを率先して行っているか，また，研究データの管理・保存に関するしっかりした仕組みがあるかどうかも，研究環境として重要な点です。不正を抑止し責任ある研究を推進するためには，大学・研究機関の組織としての取組みが重要な役割を担います。

　ただし，大学や研究機関などの組織に頼っていればよいということではありません。研究者を取り巻く環境として最も重要なのは，日頃の研究現場となる研究室や研究所などの身近な組織です。そうした身近な研究現場において重要なのは，研究室内で，あるいは研究室を超えて，元データを参照しながら研究をめぐって自由闊達に議論が繰り広げられるような環境づくりです。研究データの解釈や研究手法の妥当性，研究の設計などをめぐって率直な意見交換が活発に行われ，研究成果がさまざまな角度から科学的に検証される機会を持つことが，より信頼できる研究成果へとつながります。また，研究を進める過程で抱いたちょっとした疑問についても，まわりの研究者と気軽に相談できることが，責任ある研究を推進する環境の構築につながるのです。そのような環境の構築に寄与することは，一人ひとりの科学者の責任でもあります。

4.2 | 広がる研究倫理教育

　個々の科学者が，責任ある研究の遂行に欠かせない知識とスキルを身につけることは科学者としての基本です。従来，責任ある研究に必要な知識やスキルは，学生時代に研究室で指導を受けながら身につけることができるものと考えられてきました。しかし現代では，責任ある研究を取り巻く状況は大きく変わっています。

　研究生活のフェーズによって学生時代から大学教員になるまでに研究室を移り変わることは，現在では一般的な光景になりました。大学院生時代に，あるいはポスドクとして海外に行く人も増えました。一つの研究室で徒弟的に知識・スキルを身につけることができるような環境ではなくなっているのです。また，他分野の研究手法を取り入れたり，さまざまな分野の科学者と学際的な共同研究を行うことも増えてきました。以前よりも，分野・国境を越えて通用する研究の作法について配慮する必要性がでてきているのです。また，オーサーシップの考え方や，研究データの扱いも時代によって移り変わっています。かつては問題ない行為だったことが，現在では問題ありとされることもでてきています。また，研究不正に対する社会からの目も厳しさを増しており，社会における科学という観点からも，責任ある研究の推進に向けて従来以上に真摯に取り組んでいくことが求められています。

　研究倫理教育の重要性が注目されているのは，そのような状況を背景にしたものです。研究倫理教育は1回受ければいいというものではなく，責任ある研究に欠かせない知識・スキルの定着を図ると共に，それらの知識を定期的に更新していく必要があります。

5. 研究不正の防止と告発

5.1 不正に対する告発の重要性

　不正が疑われる場合，もしくは起きてしまった場合，そのことが分かるのは科学者だけですから，科学者として不正を是正していかなければなりません。そのための窓口として，大学等の研究機関は研究不正の告発窓口を置いています。文部科学省や日本学術振興会など研究費の助成を行う組織にも窓口が置かれています。研究現場において，不正が疑われるような場面に接したときには，まずは，その研究の関係者に指摘したり，他の研究メンバーと議論したりすることが望まれます。しかし，そうした指摘や議論によって解決しなかったり，また，何らかの理由でそうした行動がとりにくい場合もあるでしょう。そうしたときにも問題を放置するのではなく，少なくとも関係の窓口に相談するという姿勢が大切です。

　相談や告発を行うということと，すべてが研究不正であるということは必ずしもイコールではありません。アメリカの研究公正局（ORI）が 1993 年からの 5 年間で 150 件の告発について詳細な調査を行った結果，76 件に不正が見いだされ，74 件には見られなかったと報告されているように，不正か否かは簡単に決着するものでもありません。また，研究公正局（ORI）に申立てがあった 1,000 件のうち，5 分の 4 は調査に至るほどの情報がなく，予備調査されなかったといいます [16]。不正の告発は，科学的な根拠をもって行われることが重要です。無責任な告発は科学者として行ってはいけません。

5.2 告発者の保護

　告発に関してまず重要になるのは，告発者の保護です。

　相談や告発をした場合に，その匿名性が保持されず，報復された事例もあるようです。第 36 回分子生物学会年会理事企画フォーラム「研究公正性の確保のために今何をすべきか？」〔2013（平成 25）年 12 月〕では，告発者自身が不利益を被り，是正されなかった日米の事例が報告されています。同意なく臨床試験を

行い，被験者が死亡し，記録の偽造まで行っていた同僚医師を告発した医師が，不正を立証したものの，その後営業妨害を受けた報告もあります[17]。

　内部から問題を指摘する人とその保護は重要です。公益通報者保護法が，国民の生命，身体，財産その他の利益の保護に関する犯罪行為の通報について，公益通報者を保護しているのと同様の考え方が貫かれなければなりません。科学的な根拠をもって問題が指摘されたにもかかわらず，そのことに真摯に対応せず，ましてや隠蔽や報復などの行為がなされるとすれば，それは科学に対する最悪の裏切りであるといえるでしょう。

　文部科学省の「研究活動における不正行為への対応等に関するガイドライン」では，①告発を受け付ける場合の告発内容や告発者の秘密を守るための適切な方法を講じることや，②関係者の秘密保持の徹底，③（悪意に基づかない限り）告発者に対して，解雇，降格等の不利益な取扱いを禁止しています。各大学の手続きは，文部科学省のガイドラインにほぼ沿っており，その内容もほぼ同一です。

　知を創造し，人類社会に貢献すべき研究活動に参加しながら，告発の手続きについても知識として持たなければならないのは残念なことですが，産出される研究について，その真偽を確かめ，保全していくのは，訓練を受け専門的知識を持つ科学者しかいないのです。故意にゆがめられた研究は，知識をゆがめるだけでなくさまざまな害悪を社会にもたらします。知識を創造するだけでなく守ることも，現代に生きる科学者と研究コミュニティの責任です。

注および参考文献

1　OECD, "Issue Brief Peer Review", 2011, p.1. http://www.oecd.org/innovation/policyplatform/48136766.pdf

2　House of Commons Science and Technology Committee, "Peer Review in Scientific Publications: Eights Report of Session 2010-12", Volume I, London: The Stationery Office Limited, 2011, p.10

3　独立行政法人　日本学術振興会「審査・評価について」　http://www.jsps.go.jp/j-grantsinaid/01_seido/03_shinsa/index.html

4　独立行政法人　日本学術振興会「独立行政法人日本学術振興会が行う科学研究費助成事業の審査の基本的考え方」〔2003（平成 15）年 11 月 14 日，科学技術・学術審議会決定〕

5　CSE's, White Paper on Promoting Integrity in Scientific Journal Publications, 2012 Update, 2012.

6　山崎茂明『科学者の発表倫理』丸善出版，2013（平成 25）年，p.71

7　村松秀『論文捏造』中公新書ラクレ，2006（平成 18）年

8　山崎茂明『科学者の発表倫理』丸善出版，2013（平成 25）年，第 8 章

9　日本学術会議科学倫理検討委員会『科学を志す人びとへ』化学同人，2007（平成 19）年，p.93

10　日本学術会議　声明「科学者の行動規範について」　2006（平成 18）年 10 月 3 日
http://www.scj.go.jp/ja/info/kohyo/pdf/kohyo-20-s3.pdf

11　内閣府「競争的資金制度について」　http://www8.cao.go.jp/cstp/compefund/index.html
中山健夫・津谷喜一郎『臨床研究と疫学研究のための国際ルール集』ライフサイエンス
出版，2008（平成 20）年

12　立石愼治「全国調査から見る学問的誠実性の動向」（代表者羽田貴史「知識基盤社会にお
けるアカデミック・インテグリティ保証に関する国際比較研究報告書」2014 年 6 月）

13　数理社会学会「フォーラム　研究の倫理とルール」，『理論と方法』Vol.12，No.1，1997
（平成 9）年

14　National Society of Professional Engineers, "Opinion of the Board of Ethical Review,
1964-1998"
アメリカ NSPE 倫理審査委員会，日本技術士会（訳）『科学技術者倫理の事例と考察』丸
善出版，2000（平成 12）年
National Society of Professional Engineers, "Opinion of the Board of Ethical Review,
1997-2002"
アメリカ NSPE 倫理審査委員会，日本技術士会（訳）『続 科学技術者倫理の事例と考察』
丸善出版，2004（平成 16）年

15　2013 年 1 月実施。大学・短期大学・高等専門学校等 1,236 機関に送付し，1,100 機関回答
（89％）

16　山崎茂明『科学者の不正行為—捏造・偽造・盗用—』丸善出版，2002（平成 14）年，
pp.45-50
松澤孝明「諸外国における国家研究公正システム⑶」，『情報管理』，Vol.56，No.12，
2014，pp.852-870

17　David Edwards, "Whistleblower". in Stephen Lock, Frank Wells and Michael
Farthing,eds, "Fraud and Misconduct in Biomedical Research, 3rd ed," 2001, Blackwell
Publishing Ltd.
内藤周幸（監訳）『生物医学研究における欺瞞と不正行為』薬事日報社，2007（平成 19）
年

Column

研究倫理教育：アメリカの取組み

　アメリカでは，2007年8月に成立した「アメリカ競争力法」（通称 The America COMPETES Act）によって，科学技術や教育に関する財団から助成を受ける大学・研究機関は，申請計画の中で，学部学生・大学院生・ポスドクに責任ある研究活動と倫理についてのトレーニングコースを受けさせることを義務づけました。これを受けて，NSFは2010年1月から大学に対し，研究費助成に際して責任ある研究活動のトレーニングコースを策定することを求めました。「アメリカ競争力法」は，産業力強化のために，イノベーションや人材育成のための財源強化などを目指すものですが，同時に責任ある研究活動への組織的取組みも求めているのです。この他，NSFは，2007年からアメリカポスドク協会（NPA）の協力・実施により，ポスドク自らが出身大学で責任ある研究活動に取り組むことを支援し，2008年，アメリカポスドク協会は「学術的誠実性プロジェクト」（The Project for Scholarly Integrity）を開始しました。また，NSFでは，STEM（Science, Technology, Engineering and Mathematics）の倫理に関する情報を集約するオンラインセンターの開発支援，全研究分野における倫理教育の向上を目指した研究・教育の支援も行っており，国をあげての研究倫理教育が進められています。

Section

社会の発展のために

1. 科学者の役割
2. 科学者と社会の対話
3. 科学者とプロフェッショナリズム

1. 科学者の役割

環境，資源，人口など，多くの領域で切迫する問題に直面する人間社会にとって，科学はこれらの問題を解決するために不可欠な営みであると同時に，その誤用や乱用がさらなる難問をもたらす可能性のある諸刃の剣となります。ミレニアムを直前に控えた1999年，ブダペストにおいて，ユネスコと世界科学者会議が共催し，21世紀の科学のあるべき姿に関する会議  が開催されました。そこで採択された「科学と科学的知識の利用に関する世界宣言（The Declaration on Science and the Use of Scientific Knowledge)」において，次の四つの「科学の意義」がまとめられました[1]。

1. 知識のための科学：進歩のための知識（Science for knowledge: knowledge for progress)
2. 平和のための科学（Science for peace)
3. 発展のための科学（Science for development)
4. 社会における科学と社会のための科学（Science in society and science for society)

この宣言では，人類を特徴づける「知識のための科学：進歩のための知識」の重要性を再確認しつつ，科学研究とその成果，また，客観性と公平性を旨とする科学におけるあるべき対話が，「平和」と「発展」に貢献すべきことを明示しました。さらに，社会における科学の役割が「社会における科学と社会のための科学」としてまとめられ，「科学研究の遂行と，その研究によって生じる知識の利用は，貧困の軽減などの人類の福祉を常に目的とし，人間の尊厳と諸権利，そして世界環境を尊重するものであり，しかも今日の世代と未来の世代に対する責任を十分に考慮するものでなければならない」として，科学の役割と責任を明確にしたのです。21世紀の科学が，「実験室」や「研究室」，あるいは閉じた科学者コミュニティの中だけで成立するものではないこと，すなわち，科学者コミュニ

ティが広く社会の中でその役割と責任を負うべきことを明確にしたともいえます。

日本学術会議も科学の外的責任の重要性を強く認識し，「科学者の行動規範」[2]の前文では，科学と社会との関係について次のように述べています。

科学は，合理と実証を旨として営々と築かれる知識の体系であり，人類が共有するかけがえのない資産でもある。また，科学研究は，人類が未踏の領域に果敢に挑戦して新たな知識を生み出す行為といえる。一方，科学と科学研究は社会と共に，そして社会のためにある。したがって，科学の自由と科学者の主体的な判断に基づく研究活動は，社会からの信頼と負託を前提として，初めて社会的認知を得る。〈中略〉科学者は，学問の自由の下に，特定の権威や組織の利害から独立して自らの専門的な判断により真理を探究するという権利を享受すると共に，専門家として社会の負託に応える重大な責務を有する。特に，科学活動とその成果が広大で深遠な影響を人類に与える現代において，社会は科学者が常に倫理的な判断と行動を為すことを求めている。また，政策や世論の形成過程で科学が果たすべき役割に対する社会的要請も存在する。

具体的には，科学者の社会的役割は，第一に科学研究による知識の創造，そして後進に対する知識の継承，第二に社会に対する科学的助言といえます。科学研究の成果は物質や生命などに関する新しい知識として社会へ還元され，あるいは社会が抱えるさまざまな課題の解決・達成を可能とする技術や情報として提供されます。そうした科学研究の大半には公的資金が支給され，科学者には自律的に研究を進める特権が与えられていますが，当然ながら科学者は重大な社会的責任を負うことになります。すなわち，科学者は社会との間に，公正，誠実に研究を進めることを暗黙の契約として約束していると考えることもできます[3]。科学者はまた，科学的知識を次世代へ継承するための教育や指導にも責任を有します。

さらに近年，社会が直面する重大な課題に関する社会の合意形成や政策立案のプロセスにおいて，中立で科学的な助言を提示することも科学者の重要な役割になってきました。例えば，エネルギー，環境，食料，医療，教育，公害，薬害，原発事故などの課題は，科学的な知識を抜きにしては，社会においても，そして民意を代表する立法府や行政府においても的確な判断が不可能なことは明らかです。また，国が資金を投入して推進すべき科学技術研究開発の課題の特定やその

推進法についても，研究開発の現場を担う科学者の見解が欠かせません。したがって，平時，緊急時のいずれにおいても社会的な合意形成のための，あるいは政策決定のための科学的助言がますます重要視されています。一方，そうした科学的助言が特定の思想信条や価値観から独立した，中立かつ公正なものとすることは必ずしも容易ではありません。わが国には，日本学術会

議，多くの学協会，そして公的シンクタンクなど，政府や社会に対して科学的助言を形成する機能を有する組織があります。一方，他国には政府に科学顧問を置き政策担当者に直接助言する例もあります[4]。

このような科学の外的責任や社会的役割に関する認識の変化を，個々の科学者も真摯に受け止める必要があります。また，このような認識に基づく意思決定と行動ができるように，「科学者の行動規範」に基づく，教育の実施，種々の制度化，そして実際の行動への諸準備が必要です。日本学術会議をはじめとして，理念的な検討は十分になされてきました。今後は，科学者が主体となり具体的な行動を起こさなければなりません。

2. 科学者と社会の対話

科学者の社会への情報発信および社会との対話（コミュニケーション）は，「社会の中の科学，社会のための科学」を実現する具体的な方法として欠かせません。日本学術会議は，東日本大震災後に改訂した「科学者の行動規範」[2]において，新たに設けた「Ⅲ 社会の中の科学」の中で以下のように述べています。

（社会との対話）
11 科学者は，社会と科学者コミュニティとのより良い相互理解のために，市民との対話と交流に積極的に参加する。また，社会の様々な課題の解決と福祉の実現を図るために，政策立案・決定者に対して政策形成に有効な科学的助言の提供に努める。その際，科学者の合意に基づく助言を目指し，意見の相違が存在するときはこれを解り易く説明する。

　このように科学者は，科学者コミュニティの中でのコミュニケーションだけでなく，広く社会の人々とのコミュニケーションに努める必要があります。これまで，こうした科学者の役割や責任はあまり強調されず，科学者の養成において十分な配慮もされてきませんでした。しかし，すでに述べたように，科学が社会のさまざまな面で大きな影響を与えるようになった現代において，科学者には変化が求められています。一方，科学技術が巨大複雑化する中，社会に対して，科学的な知識に内在する不確かさや科学技術のもたらす便益とリスクを分かりやすく説明することは容易ではありません。また，そもそもコミュニケーションとは，科学者が一方的に説明，説得するものと誤解してはいけませんし，自らも社会の一員として，社会と共に科学と社会の関係を学ぶ姿勢が求められるのです。社会の信託の得られるコミュニケーションをどのように成立させるかは，科学者コミュニティにとっての重要な課題で，継続的な研究も必要です。

　科学技術の輝かしい進展に伴い，社会には向き合うべきさまざまなリスクが生まれてきました。原子力発電，遺伝子組換え作物，再生医療など，人類が手にした科学技術はいずれも光と影を有しています。例えば，原子力発電所に関する「受容可能なリスク」のような問題を，物理学者アルヴィン・ワインバーグ（Alvin M. Weinberg）は「Trans-Science（トランス・サイエンス）」の領域に属する問題と呼びました[5]。これは，科学的な合理性を持って説明可能な知識生産の領域と，価値や権力に基づいて意思決定が行われる政治的な領域とが重なり合った領域であり，「科学によって問うことはできるが，科学によって答えることのできない問題群からなる領域」と定義されています。科学的に計算される原子力発電所の事故発生の確率が低いとしても，人々がその発電所を受け入れるかどうかは，社会，経済，暮らし，さらには歴史や文化などのさまざまな観点からの判断を要し，科学だけでは答えの出せない問題です。

　さらに，今後は，国や世界の合意形成において，科学が果たすべき役割はますます大きくなっていくでしょう。科学技術の進展とグローバル化に伴い，政策課題は複雑化し，高度の専門性を必要とするようになりました。地球温暖化問題に

関して政策を立案しようとすると，気象，生態系，エネルギー利用，温室効果ガスなどに関する理工学，社会制度や国際協力などに関する社会科学など，領域を超えた広い科学の動員が求められます。

　このようなトランス・サイエンスの問題に，科学者はどのように関わるべきなのでしょうか。これからの科学者は，第一に，自らの視野を広く社会の事象に拡げ，自ら

の研究活動の社会的な意義を考え続けることから始める必要があります。さらに，科学の限界を踏まえた上で，市民とのコミュニケーションに積極的に参加する必要があります。社会が直面する問題群の解決に向けて，情報を提供し社会との誠実な対話を図ることが，社会の中の科学者としての役割であることを自覚せねばなりません。加えて，科学者を雇用するすべての組織は，そのような活動を行う科学者を積極的に支援すべきなのです。

3.　科学者とプロフェッショナリズム

　日本学術会議の「科学者の行動規範」[2]では，「科学者」とは，所属する機関にかかわらず，すべての学術分野において，新たな知識を生み出す活動，あるいは科学的な知識の利活用に従事する研究者，専門職業者を意味するとされます。ここで，「専門職」としての科学者について考えてみましょう。

　個人や組織の知的好奇心を満たすための活動であった科学研究は，19世紀以降，急速に制度化が進み，職業としての「科学者」が誕生し，社会の中で重要な役割を担うようになりました。少なくとも欧米においては，科学者をプロフェッショナル（専門職業者）であると明確に考える傾向があります。例えば，英国には「Chartered Scientist（CSci）」[6]という専門資格が存在し，アメリカの研究倫理の教科書[7]では「Professionalism in Science」が強調されています。アメリカの研究公正局（ORI）が実施した「責任ある研究活動（RCR）」教育の教育目標に関する調査では，専門家パネルの全員が，プロフェッショナルとしての価値観を共有できるようにすることが重要であると回答しています[8]。

　このような欧米における考え方には，「profession（専門職）」という独特の概念が強く働いています。この言葉は元来 "profess"，つまり自分の信仰を「告白」するという宗教的な意味を持っています。そして，聖職者（教育者），医師，弁護士といった専門職は，大学という高等教育機関を品質保証制度として活用しながら，「learned profession（学問的専門職業）」として成立してきました。これらの職業はすべて，人間の社会生活を援助するものです。聖職者は信仰を通して人の心を，医師は医学的知識と技術をもって人の身体を，弁護士は法制度に

よって人の社会的立場をそれぞれ援助します。これらの職業は人の福利に不可欠なサービスを提供するものであり、他の職業とは異なり、長期間にわたる専門的な教育と訓練が必要とされました。実際、19世紀に科学と技術の制度化と高等教育の大衆化が進むまで、ヨーロッパの大学で学ぶことができたのは神学、医学、法学のみであり、社会的にもこれらの三つの伝統的なプロフェッションが、大学での専門的な教育を前提とするものだということが広く認知されていました。

　一方、それ以外の職業でも、これらの伝統的なプロフェッションを模範として、自分たちの職業を「プロフェッション」の地位にまで高めようとする努力がなされてきました。例えば、会計士、建築家、薬剤師などはその試みが成功した職種といえます。このように職種が多様化すると、プロフェッションという概念を定義することは難しくなりましたが、社会学的には、①理論的・体系的知識に基づく職務、②長期の訓練と教育を要する専門的能力、③試験による能力の証明、④組織化された団体の存在、⑤倫理綱領による道徳的統合性の保持、⑥社会に対する利他的なサービス（奉仕）、という六つの特質があることが指摘されています[9]。

　このように「倫理綱領」（あるいは行動規範）を持ち、そのことによって道徳的な統合性（誠実さ）を維持することが、「プロフェッション」にとって不可欠であるといえます。最も古いプロフェッションといえる医学には、紀元前のギリシア時代から、いわゆる「ヒポクラテスの誓い」という規範が存在しています。現在でも、アメリカ医師会の医療倫理綱領の前文には、「医療プロフェッションは、患者の利益を主目的として形成された倫理規範をこれまで長く遵守してきた。このプロフェッションの一員として、医師はまず患者に対する責任を最優先し、同時に、社会、他の医療プロフェッショナル、そして自分自身に対する責任を認識しなければならない」とプロフェッションの概念、および倫理規範との関係が明文化されています。

　このように、プロフェッションに就くためには、極めて厳しい教育を受けて、さらに高い倫理的意識の修得が求められるのです。このシステムを支える考え方として、特に英語圏で主流になっている「社会契約」モデルがあります。これによれば、プロフェッションは、高度で専門的な知識を必要とし、そのための教育を受けていることが前提となります。これによって、自らの職業を独占する資格、そして他の職業では得られないような高い報酬と特権（特に自治権）が与えられます。このような関係は、プロフェッショナル集団と一般社会との間の一種の契約であると考えることができるのです。彼らの行動規範は、日本学術会議で定める「科学者の行動規範」を共有しながら、プロフェッション独特の倫理規範を規定するものと考えられます。

　大学とそこで育まれた学問的伝統が近代科学を生み出す環境を用意した歴史を考えれば，科学とプロフェッショナリズムの関係は容易に理解できます。前述の教科書では，プロフェッショナリズムを構成する要素として，次の5項目を挙げています[7]。

1. 知的な誠実性（intellectual honesty）
2. 思考および行動における卓越性（excellence in thinking and doing）
3. 協調と公開性（collegiality and openness）
4. 自律と責任（autonomy and responsibility）
5. 自己規制（self-regulation）

　わが国においては，西欧的なプロフェッショナリズムの意識は，一部の領域を除いて，科学の世界では希薄であり，日本学術会議の「科学者の行動規範」をはじめとして，多くの学協会の倫理綱領では，これらの価値の重要性が強調されています。社会の中で，科学者コミュニティが社会の福利に貢献し，真の「専門職・プロフェッショナル」として信頼されるためには，これらの価値を日常の研究活動の中で体現することが不可欠です。

注および参考文献

1　The World Conference on Science, "The Declaration on Science and the Use of Scientific Knowledge", Budapest, 1999. http://www.unesco.org/science/wcs/eng/declaration_e

2　日本学術会議　声明「科学者の行動規範—改訂版—」2013（平成25）年1月25日 http://www.scj.go.jp/ja/info/kohyo/pdf/kohyo-22-s168-1.pdf

3　Jane Lubchenco, "Entering the Century of the Environment: A New Social Contract for Science", Science, 279, 1998, pp.491-497

4　Robert Doubleday and James Wilsdon, "Beyond the Great and Good", Nature, 485, 17 May, 2012, pp.301-302
　　Peter Gluckman, "The Art of Science Advice to Government", Nature, 507, 13 March, 2014, pp.163-165

5　Alvin M. Weinberg, "Science and Trans-Science", Minerva, Vol.10, 1972, pp.209-222; id., Nuclear Reactions: Science and Trans-Science（New York: American Institute of Physics, 1992).

6　"Chartered Scientist" については，http://www.charteredscientist.org を参照

7　Stanley G. Koreman, "Teaching the Responsible Conduct of Research in Humans", http://ori.hhs.gov/education/products/ucla/default.htm

8　U.S. Department of Health & Human Services, Office of Research Integrity, "RCR Objectives", http://ori.hhs.gov/rcr-objectives-introduction-0

9　G. Millerson, "The Qualifying Associations: A Study in Professionalization", London: Routledge and Kegan Paul, 1964.

Reference

資　料

研究公正に関するシンガポール宣言
科学者の行動規範
研究公正の原則に関する宣言（仮訳）
新たな「研究活動における不正行為への
　　対応等に関するガイドライン」概要

www.singaporestatement.org　　　　　　見本。2010年9月22日まで掲載禁止

研究公正に関するシンガポール宣言

> 序文
> 研究の価値および利益は研究公正に大きく左右される。研究を組織・実施する方法には国家的相違および学問的相違が存在する、あるいは存在しうるが、同時に、実施される場所にかかわらず研究公正の基盤となる原則および職業的責任が存在する。

原則
研究のすべての側面における*誠実性*
研究実施における*説明責任*
他者との協働における*専門家としての礼儀および公平性*
他者の代表としての研究の*適切な管理*

責任

1. **公正**：研究者は研究の信頼性に対する責任を負わなければならない。

2. **規則の順守**：研究者は研究に関連する規則および方針を認識かつ順守しなければならない。

3. **研究方法**：研究者は適切な研究方法を採用し、エビデンスの批判的解析に基づき結論を導き、研究結果および解釈を完全かつ客観的に報告しなければならない。

4. **研究記録**：研究者は、すべての研究の明確かつ正確な記録を、他者がその研究を検証および再現できる方法で保持しなければならない。

5. **研究結果**：研究者は、優先権および所有権を確立する機会を得ると同時に、データおよび結果を公然かつ迅速に共有しなければならない。

6. **オーサーシップ**：研究者は、すべての出版物への寄稿、資金申請、報告書、研究に関するその他の表現物に対して責任を持たなければならない。著者一覧には、す

べての著者および該当するオーサーシップ基準を満たす著者のみを含めなければならない。

7.　*出版物における謝辞* : 研究者は、執筆者、資金提供者、スポンサーおよびその他をはじめとして、研究に多大な貢献を示したが、オーサーシップ基準を満たさない者の氏名および役割に対し、出版物上に謝意を表明しなければならない。

8.　*ピアレビュー* : 研究者は、他者の研究をレビューする場合、公平、迅速、厳格な評価を実施し、守秘義務を順守しなければならない。

9.　*利害の対立* : 研究者は、研究の提案、出版物、パブリック・コミュニケーション、およびすべてのレビュー活動における成果の信頼性を損なう可能性のある利害の金銭的対立およびその他の対立を開示しなければならない。

10.　*パブリック・コミュニケーション* : 研究者は、研究結果の有用性および重要性について公開議論を行う場合、専門的コメントは当該研究者の認識された専門分野に限るものとし、専門的コメントと個人的な見解に基づく意見とを明確に区別しなければならない。

11.　*無責任な研究行為の報告* : 研究者は、捏造、改ざん、または盗用をはじめとした不正行為が疑われるすべての研究、および、不注意、不適切な著者一覧、矛盾するデータの報告を怠る、または誤解を招く分析法の使用など、研究の信頼性を損なうその他の無責任な研究行為を、関係機関に報告しなければならない。

12.　*無責任な研究行為への対応* : 研究施設、出版誌、専門組織および研究に関与する機関は、不正行為およびその他の無責任な研究行為の申し立てに応じ、善意で当該行動を報告する者を保護する手段を持たなければならない。不正行為およびその他の無責任な研究行為が確認された場合、研究記録の修正を含め、迅速に適切な措置をとらなければならない。

13.　*研究環境* : 研究施設は、教育、明確な方針、および昇進の妥当な基準を通して公正性を促す環境を構築・維持し、研究公正を支援する研究環境を助長しなければならない。

14.　*社会的課題* : 研究者および研究施設は、その研究に特有のリスクを社会的利益と比較検討する倫理的義務があることを認識しなければならない。

研究公正に関するシンガポール宣言は、責任ある研究の実施の世界的指針として、2010年7月21〜24日にシンガポールで開催された第2回研究公正に関する世界会議(World Conference on Research Integrity)の一環として作成された。これは規制文書ではなく、本会議に参加および/または資金提供した国および機関の公式の方針を表すものではない。研究公正に関連する公式の方針、ガイダンス、および規則については、適切な国家当局および組織に助言を求めるべきである。

平成 18 年（2006 年）10 月 3 日制定

平成 25 年（2013 年）1 月 25 日改訂

科 学 者 の 行 動 規 範

日 本 学 術 会 議

　科学は、合理と実証を旨として営々と築かれる知識の体系であり、人類が共有するかけがえのない資産でもある。また、科学研究は、人類が未踏の領域に果敢に挑戦して新たな知識を生み出す行為といえる。

　一方、科学と科学研究は社会と共に、そして社会のためにある。したがって、科学の自由と科学者の主体的な判断に基づく研究活動は、社会からの信頼と負託を前提として、初めて社会的認知を得る。ここでいう「科学者」とは、所属する機関に関わらず、人文・社会科学から自然科学までを包含するすべての学術分野において、新たな知識を生み出す活動、あるいは科学的な知識の利活用に従事する研究者、専門職業者を意味する。

　このような知的活動を担う科学者は、学問の自由の下に、特定の権威や組織の利害から独立して自らの専門的な判断により真理を探究するという権利を享受すると共に、専門家として社会の負託に応える重大な責務を有する。特に、科学活動とその成果が広大で深遠な影響を人類に与える現代において、社会は科学者が常に倫理的な判断と行動を為すことを求めている。また、政策や世論の形成過程で科学が果たすべき役割に対する社会的要請も存在する。

　平成 23 年 3 月 11 日に発生した東日本大震災及び東京電力福島第一原子力発電所事故は、科学者が真に社会からの信頼と負託に応えてきたかについて反省を迫ると共に、被災地域の復興と日本の再生に向けて科学者が総力をあげて取り組むべき課題を提示した。さらに、科学がその健全な発達・発展によって、より豊かな人間社会の実現に寄与するためには、科学者が社会に対する説明責任を果たし、科学と社会、そして政策立案・決定者との健全な関係の構築と維持に自覚的に参画すると同時に、その行動を自ら厳正に律するための倫理規範を確立する必要がある。科学者の倫理は、社会が科学への理解を示し、対話を求めるための基本的枠組みでもある。

　これらの基本的認識の下に、日本学術会議は、科学者個人の自律性に依拠する、すべての学術分野に共通する必要最小限の行動規範を以下のとおり示す。これらの行動規範の遵守は、科学的知識の質を保証するため、そして科学者個人及び科学者コミュニティが社会から信頼と尊敬を得るために不可欠である。

I．科学者の責務

（科学者の基本的責任）

1　科学者は、自らが生み出す専門知識や技術の質を担保する責任を有し、さらに自らの専門知識、技術、経験を活かして、人類の健康と福祉、社会の安全と安寧、そして地球環境の持続性に貢献するという

責任を有する。

（科学者の姿勢）

2　科学者は、常に正直、誠実に判断、行動し、自らの専門知識・能力・技芸の維持向上に努め、科学研究によって生み出される知の正確さや正当性を科学的に示す最善の努力を払う。

（社会の中の科学者）

3　科学者は、科学の自律性が社会からの信頼と負託の上に成り立つことを自覚し、科学・技術と社会・自然環境の関係を広い視野から理解し、適切に行動する。

（社会的期待に応える研究）

4　科学者は、社会が抱く真理の解明や様々な課題の達成へ向けた期待に応える責務を有する。研究環境の整備や研究の実施に供される研究資金の使用にあたっては、そうした広く社会的な期待が存在することを常に自覚する。

（説明と公開）

5　科学者は、自らが携わる研究の意義と役割を公開して積極的に説明し、その研究が人間、社会、環境に及ぼし得る影響や起こし得る変化を評価し、その結果を中立性・客観性をもって公表すると共に、社会との建設的な対話を築くように努める。

（科学研究の利用の両義性）

6　科学者は、自らの研究の成果が、科学者自身の意図に反して、破壊的行為に悪用される可能性もあることを認識し、研究の実施、成果の公表にあたっては、社会に許容される適切な手段と方法を選択する。

II．公正な研究

（研究活動）

7　科学者は、自らの研究の立案・計画・申請・実施・報告などの過程において、本規範の趣旨に沿って誠実に行動する。科学者は研究成果を論文などで公表することで、各自が果たした役割に応じて功績の認知を得るとともに責任を負わなければならない。研究・調査データの記録保存や厳正な取扱いを徹底し、ねつ造、改ざん、盗用などの不正行為を為さず、また加担しない。

（研究環境の整備及び教育啓発の徹底）

8　科学者は、責任ある研究の実施と不正行為の防止を可能にする公正な環境の確立・維持も自らの重要な責務であることを自覚し、科学者コミュニティ及び自らの所属組織の研究環境の質的向上、ならびに不正行為抑止の教育啓発に継続的に取り組む。また、これを達成するために社会の理解と協力が得られるよう努める。

（研究対象などへの配慮）

9　科学者は、研究への協力者の人格、人権を尊重し、福利に配慮する。動物などに対しては、真摯な態度でこれを扱う。

（他者との関係）

１０　科学者は、他者の成果を適切に批判すると同時に、自らの研究に対する批判には謙虚に耳を傾け、誠実な態度で意見を交える。他者の知的成果などの業績を正当に評価し、名誉や知的財産権を尊重する。また、科学者コミュニティ、特に自らの専門領域における科学者相互の評価に積極的に参加する。

Ⅲ．社会の中の科学

（社会との対話）

１１　科学者は、社会と科学者コミュニティとのより良い相互理解のために、市民との対話と交流に積極的に参加する。また、社会の様々な課題の解決と福祉の実現を図るために、政策立案・決定者に対して政策形成に有効な科学的助言の提供に努める。その際、科学者の合意に基づく助言を目指し、意見の相違が存在するときはこれを解り易く説明する。

（科学的助言）

１２　科学者は、公共の福祉に資することを目的として研究活動を行い、客観的で科学的な根拠に基づく公正な助言を行う。その際、科学者の発言が世論及び政策形成に対して与える影響の重大さと責任を自覚し、権威を濫用しない。また、科学的助言の質の確保に最大限努め、同時に科学的知見に係る不確実性及び見解の多様性について明確に説明する。

（政策立案・決定者に対する科学的助言）

１３　科学者は、政策立案・決定者に対して科学的助言を行う際には、科学的知見が政策形成の過程において十分に尊重されるべきものであるが、政策決定の唯一の判断根拠ではないことを認識する。科学者コミュニティの助言とは異なる政策決定が為された場合、必要に応じて政策立案・決定者に社会への説明を要請する。

Ⅳ．法令の遵守など

（法令の遵守）

１４　科学者は、研究の実施、研究費の使用等にあたっては、法令や関係規則を遵守する。

（差別の排除）

１５　科学者は、研究・教育・学会活動において、人種、ジェンダー、地位、思想・信条、宗教などによって個人を差別せず、科学的方法に基づき公平に対応して、個人の自由と人格を尊重する。

（利益相反）

１６　科学者は、自らの研究、審査、評価、判断、科学的助言などにおいて、個人と組織、あるいは異なる組織間の利益の衝突に十分に注意を払い、公共性に配慮しつつ適切に対応する。

(以上)

Statement of Principles for Research Integrity

研究公正の原則に関する宣言（仮訳）

Preamble　前文

The Responsible Conduct of Research is at the very essence of the scientific enterprise and is intrinsic to society's trust in science. Within the framework of the Responsible Conduct of Research, the basic principles of Research Integrity - namely honesty, responsibility, fairness and accountability – are enshrined in foundational documents [1] that also describe the responsibilities of researchers and the scientific community.

While researchers and institutions themselves remain ultimately responsible for undertaking research with integrity, research funding agencies have an obligation to ensure that the research they support is conducted in accordance with the highest standards possible. To that end, participants in the 2nd Annual Meeting of the Global Research Council recognize the following Principles to articulate the responsibilities of research funding agencies in creating an international environment in which research integrity is at the core of all activities.

責任ある研究行動は科学的な活動における本質であり、社会の科学に対する信頼の中に本来含まれるものである。責任ある研究行動の枠組みにおいて、研究公正の基本原則、すなわち誠実性、責任、公正性、説明責任の原則が、数々の基本的な文献（注1）においても明記されており、研究者や科学コミュニティの責任が述べられているところである。

公正な研究を実施するための最終的な責任を有するのは、引き続き研究者や研究機関自身である一方で、研究資金配分機関は、自らが支援する研究活動が可能な限り高い水準で実施されることを担保する責務がある。このため、グローバルリサーチカウンシル第2回年次会合の参加者は、以下の原則を確認し、研究資金配分機関が研究公正をあらゆる活動の核心とする国際的環境を創設する責任を明示する。

Principles　原則

Leadership　リーダーシップ

Research funding agencies must lead by example in the responsible management of research programs.

研究資金配分機関は研究プログラムの責任ある管理について、模範を示して率いなければならない。

Promotion　普及啓発

Research funding agencies should encourage institutions to develop and implement policies and systems to promote integrity in all aspects of the research enterprise.

研究資金配分機関は、研究機関が研究活動のあらゆる側面における公正性を普及するための実行方針やシステムを開発するよう、奨励すべきである。

Education 教育
Research funding agencies should promote continual training in research integrity, and develop initiatives to educate all researchers and students on the importance of research integrity.

研究資金配分機関は、研究公正に関する継続的な訓練を普及させ、全ての研究者や学生に対して研究公正の重要性を教育するためのイニシアチブを開発するべきである。

Transparent Processes 手続きの透明性
Research funding agencies should, within the scope of their mandate, publish policies and procedures to promote research integrity and to address allegations of research misconduct.

研究資金配分機関は、それぞれの権限の範囲内で、研究公正を普及啓発し、研究不正の申立てに対応するための方針や手続きを公表するべきである。

Response to Allegations of Misconduct 研究不正の告発への対応
During any investigation of misconduct [2], research funding agencies should support a process that values accountability, timeliness and fairness.

研究資金配分機関は、いかなる研究不正（注２）の調査の段階においても、説明責任、適時性、公正性を重んじるようなプロセスを支持すべきである。

Conditions for Research Support 研究支援のための条件
Research funding agencies should incorporate integrity in research as a condition for obtaining and maintaining funding by researchers and institutions.

研究資金配分機関は、研究者や研究機関が資金を獲得し、保持するための条件として、研究における公正性を含めるべきである。

International Cooperation 国際協力
Research funding agencies will work cooperatively with partners to support and facilitate research integrity worldwide.

研究資金配分機関は、世界的に研究公正を支援し促進するために、パートナーと協力して取り組む。

[1] For example: the Singapore Statement, the InterAcademy Council IAP Policy Report, and the European Code of Conduct for Research Integrity.

[2] Breaches of research integrity can include, but are not limited to, plagiarism, fabrication and falsification.

（注１）例えば、シンガポール宣言、国際学術会議 IAP Policy Report、欧州研究公正行動規範などがある。

（注２）研究公正の侵害には、盗用、ねつ造、改ざんが含まれるが、これに限らない。

新たな「研究活動における不正行為への対応等に関するガイドライン」概要

背　景

○文部科学省では、これまで「研究活動の不正行為への対応のガイドラインについて」（平成18年8月 科学技術・学術審議会 研究活動の不正行為に関する特別委員会）を踏まえて、大学等の研究機関に対して必要な対応を実施。

○しかしながら、研究活動における不正行為の事案が後を絶たないことから、「研究における不正行為・研究費の不正使用に関するタスクフォース」の取りまとめ（平成25年9月）、及び「「研究活動の不正行為への対応のガイドライン」の見直し・運用改善等に関する協力者会議」の審議のまとめ（平成26年2月）等を踏まえ、ガイドラインを見直し。

見直しの基本的方向

◆　文部科学大臣決定として、新たなガイドラインを策定。
◆　従来、研究活動における不正行為への対応が研究者個人の責任に委ねられている側面が強かったことを踏まえ、今後は、大学等の研究機関が責任を持って不正行為の防止に関わることにより、対応を強化

新ガイドライン

（赤字：新たなガイドラインで規定
黒字：従来のガイドライン規定を踏襲）

第1節　研究活動の不正行為に関する基本的考え方

【不正行為に対する基本姿勢】
●研究活動における不正行為は、研究活動とその成果発表の本質に反するものであり、科学そのものに対する背信行為。個々の研究者はもとより、大学等の研究機関は、不正行為に対して厳しい姿勢で臨む必要。

【研究者、科学コミュニティ等の自律・自己規律】
●不正に対する対応は、まずは研究者自らの規律、及び科学コミュニティ、大学等の研究機関の自律に基づく自浄作用としてなされなければならない。

【大学等の研究機関の管理責任】
●上記に加えて、大学等の研究機関が責任を持って不正行為の防止に関わることにより、不正行為が起こりにくい環境がつくられるよう対応の強化を図る必要。特に、組織としての責任体制の確立による管理責任の明確化、不正行為を事前に防止する取組を推進。
　◆共同研究における個々の研究者等の役割分担・責任の明確化
　◆複数の研究者による研究活動の全容を把握する立場の代表研究者が研究成果を適切に確認
　◆若手研究者等が自立した研究活動を遂行できるよう適切な支援助言（メンターの配置等）

第2節　不正行為の事前防止のための取組

【不正行為を抑止する環境整備】
1　研究倫理教育の実施による研究者倫理の向上
●大学等の研究機関：「研究倫理教育責任者」の配置など必要な体制整備を図り、広く研究活動にかかわる者を対象に定期的に研究倫理教育を実施

●大学：学生の研究者倫理に関する規範意識を徹底していくため、学生に対する研究倫理教育の実施を推進

●配分機関：競争的資金等により行われる研究活動に参画する全ての研究者に研究倫理教育に関するプログラムを履修させ、研究倫理教育の受講を確実に確認

2　大学等の研究機関における一定期間の研究データの保存・開示

【不正事案の一覧化公開】
●不正行為が行われたと確認された事案について、文部科学省にて一覧化し、公開

第3節　研究活動における特定不正行為への対応（組織の管理責任の明確化）

【対象とする不正行為（特定不正行為）】
●捏造、改ざん、盗用（注：従来どおり）

【大学等の研究機関、配分機関における規程・体制の整備及び公表】
●研究活動における特定不正行為の疑惑が生じたときの調査手続や方法等に関する規程等を整備し、公表
　◆不正行為に対応するための責任者の明確化、責任者の役割や責任の範囲を定めること
　◆告発者等の秘密保持の徹底、告発後の具体的な手続きの明確化
　◆特定不正行為の調査の実施などについて、文部科学省等への報告義務化

【特定不正行為の告発の受付、事案の調査】
●特定不正行為の告発の受付から、事案の調査（予備調査、本調査、認定、不服申立て、調査結果の公表等）までの手続き・方法
　◆告発・相談窓口の設置・周知　※告発・相談窓口の第3者への業務委託も可能
　◆大学等の研究機関における調査期間の目安の設定
　◆調査委員会に外部有識者を半数以上入れること（利害関係者の排除についても規定）
　◆調査委員会が必要と認める場合、調査委員会の指導・監督の下に再現実験の機会を確保
　◆調査の専門性に関する不服申立ては、調査委員を交代・追加等して審査

第4節　特定不正行為及び管理責任に対する措置

【特定不正行為に対する研究者、大学等の研究機関への措置】
●特定不正行為に係る競争的資金等の返還（※）
●競争的資金等への申請及び参加資格の制限（※）
　（※競争的資金等のみならず、運営費交付金等の基盤的経費により行われた研究活動の不正行為も対象とする。）

【組織としての管理責任に対する大学等の研究機関への措置】
1　組織としての責任体制の確保
●研究活動における不正行為への対応体制の整備等に不備があることが確認された場合、文部科学省が「管理条件」を付与
●管理条件の履行が認められない場合、機関に対する「間接経費」を削減等の措置
2　迅速な調査の確保
●正当な理由なく特定不正行為に係る調査が遅れた場合、「間接経費」の削減措置

第5節　文部科学省による調査と支援

【研究活動における不正行為への継続的な対応】
●文部科学省に有識者による検討の場を設け、フォローアップ等を継続的に実施

【履行状況調査の実施】
●大学等の研究機関に対し、本ガイドラインを踏まえた履行状況調査を実施し公表

【研究倫理教育に関するプログラムの開発推進】
●文部科学省は、日本学術会議や配分機関と連携し、研究倫理教育に関する標準的なプログラムや教材の作成を推進

【大学等の研究機関における調査体制への支援】
●大学等の研究機関において十分な調査を行える体制にない場合は、日本学術会議や配分機関と連携し、専門家の選定・派遣等を支援

　今後の予定
○新ガイドラインの周知徹底。新ガイドラインに基づく導入準備（規程・体制整備など）：「集中改革期間」
○新ガイドラインの適用：平成27年4月1日

索 引

欧文

accuracy ································64
American College of Physicians
　Ethics Manual ·····················105
American Sociological Association
　(ASA) ··························105
ASA Code of Ethics ················105
autonomy and responsibility ·········121
Brain-Machine Interface
　(BMI) ····················13, 14, 31
Chartered Scientist(CSci) ··········119
CIOMS ····························17
collegiality and openness ············121
conflict of interest················19
Council of Science Editors ···········99
credit ·······························65
efficiency ·························65
excellence in thinking and doing ······121
fabrication ·························46
falsification ·························46
FFP ···························46, 52
Global Research Council(GRC) ········9
H5N1 ·····························24
HHS ·····························9
honesty ·························49, 64
intellectual honesty ···············121
interdisciplinary research ············77
International Committee of Medical
　Journal Editors(ICMJE) ···········66
JSPS ·························71, 86
JST·······························86
MEXT ···························71
National Institutes of Health(NIH) ···42, 79

National Science Foundation
　(NSF) ·····················79, 111
NEDO ·····························86
NPA ···························111
objectivity ·························65
ORI·······················9, 65, 108
plagiarism ·····················46, 49
profession························32, 119
professionalism in Science ············119
Questionable Research Practice
　(QRP) ··························51
self-regulation ····················121
The America COMPETES Act ······111
The Declaration on Science and the
　Use of Scientific Knowledge ·········115
WCRI·····························9
WHO ···························24

あ行

アクセプト ·····················68, 98
預け金 ·························89, 90
アメリカ科学アカデミー················51
アメリカ技術者協会 ················105
アメリカ競争力法 ················111
アメリカ社会学会倫理規程 ··········105
アメリカ内科学会 ················105
アメリカポスドク協会················111
アメリカ連邦規則 ··············46, 104
アンケート ·····················33, 41
安全 ·························14, 16, 69
安全上のリスク ·····················18
安全保障輸出管理 ·················22
医学研究 ·························17, 33

育成者権 ……………………………………59
医師 ………………………… 32, 36, 53
意匠権 ……………………………………59
意匠法 ……………………………………59
委託契約書 ………………………………92
委託研究 ………………………… 53, 58
一親等 ……………………………………21
遺伝子改変 ………………………………24
遺伝子組換え作物 ……………… 118
遺伝情報 …………………………………37
医療従事者 ……………………… 32, 53
インサイダー取引 ……………………50
インタビュー ………………… 33, 40, 64
インフォームド・コンセント　17, 31, 32
インフルエンザウイルス………………24
引用 …………………… 40, 49, 65, 72
運営費交付金 …………………………47
エフォート ………………………………55
欧州行動規範 …………………… 9, 47
応募資格制限 …………………… 92, 93
オーサーシップ ……………… 65, 67, 80
オープン・ピア・レビュー ………… 100
オリジナリティ ……………… 41, 53, 70

か行

会計年度 …………………………………90
解雇 ………………………………… 109
外国為替及び外国貿易法………………22
外国ユーザーリスト …………………23
改ざん ……………… 46, 48, 69, 104
開示 ………………………… 34, 69, 99
外為法 ……………………………………23
ガイドライン
　医療・介護関係事業者における個人
　　情報の適切な取扱いのための──
　　………………………………………38
　医療における遺伝学的検査・診断に
　　関する── ………………………33

研究活動における不正行為への対応
　等に関する── ………… 3, 47, 105
研究機関における公的研究費の管理・
　監査の── ……………………………88
人を対象とする研究倫理── ………31
回路配置 …………………………………59
科学技術振興機構 ……………… 25, 86
科学者 ………………………………… 119
　──の基本的責任 …………………14
　──の行動規範 ………… 25, 102, 116
　──の責務 ………………… 4, 85
科学者教育 ………………………… 101
科学者コミュニティ ………… 6, 24, 115
科学的助言 ………………… 26, 116
科学的リテラシー ……………………64
科学と科学的知識の利用に関する世界
　宣言 ………………………………… 115
科学と社会 ………………… 4, 116, 118
科学の意義 ………………………… 115
化学兵器 …………………………………22
科学編集者評議会 ………………………99
学位 ………………………… 55, 70, 103
学位論文 …………………………… 103
架空人件費 ………………………………90
架空発注 …………………………………89
架空旅費 …………………………………91
学際研究 …………………………………77
学生 ………………………… 25, 53, 81
学問・研究の自由 ……………………63
科研費 ………………………… 71, 85, 92
　──の申請書 ………………… 16, 23
価値 ………………………………………51
価値共有 …………………………… 102
学会 ………………………… 47, 63, 104
学会発表 …………………………………55
株式 ………………………………………20
環境省 ………………………… 26, 104
観察研究 …………………………………37

患者　……………………32, 63, 120
間接経費　………………………93
企業などとの共同研究………80
企業秘密　………………………78
基金化　…………………………90
記載者　…………………………44
技術移転　……………………53, 58
寄託　……………………………40
寄託者　…………………………40
寄付金　……………………85, 88
ギフト・オーサーシップ………67
欺瞞手続き　……………………36
キメラ　…………………………26
客観性　……………5, 19, 65, 98, 115
業績主義　………………………55
競争的資金　………………47, 67, 92
協定書　…………………………80
共同研究　………………15, 53, 77, 82
共同研究者　………………52, 79
苦情対応　………………………38
繰越制度　………………………90
クレジット　………………16, 50, 65
クローン　………………………26
クローン技術規制法……………25
経済産業省　………………23, 59, 104
経済スパイ法……………………78
刑事告発　………………………93
刑事罰　……………………72, 93, 104
継承者　…………………………40
血縁者　…………………………37
懸念国　…………………………22
研究
　　——の意義　………………14
　　——の妥当性　……………14
　　——の両義性　……………5
研究開発戦略センター…………25
研究活動における不正行為に関する大学
　等の研究機関の取組状況について …105

研究環境　………………6, 17, 106
研究協力者　………………19, 31
研究計画　………………13, 46, 79
研究公正局　………………9, 65, 108
研究公正に関する世界会議　………9
研究資金　…………………5, 26, 79
研究実施計画書　………………17
研究室主宰者　…………………71
研究指導者　……………………54
研究助成金　………………20, 97
研究申請の審査……………………21
研究責任者　………31, 38, 53, 78
研究データ　…………52, 79, 106
研究ノート　………………40, 41, 44
研究発表　………………………63
研究費　……………………20, 49, 85
　　——の助成　………………71
　　——の適正使用　…………87
　　——の不正使用　………3, 89
研究不正　………………9, 80, 106
研究不正行為　……………3, 46, 73
研究不正防止　……………… 103
研究倫理教育　……………106, 111
研究倫理教育責任者　……… 106
研究倫理プログラム　………55, 102
研究論文　…………………21, 68, 97
兼業　………………………19, 20
健康被害　………………………37
原子力発電所　……………7, 118
建設的批判　……………………99
原発事故　……………………116
公益社団法人自動車技術会　………31
公益通報者保護法　………… 109
校閲　………………………40, 66
公開　…………………………5, 36
公害　………………………63, 116
考察　………………………3, 43, 65
後進の指導　………………101, 102

公正 ………………………… 5, 20, 51
公正取引委員会 ……………… 82, 104
公正な研究 ……………………… 5, 31
厚生労働省 ………………… 19, 26, 32
公的研究費 …………………… 85, 89
　──の管理・監査体制………………93
　──の不正使用 …………………92
公平性 ………………… 51, 98, 99, 115
効率性 ……………………………64
国際医科学団体協議会 ……………17
国際医学雑誌編集者委員会 ……… 66, 71
国際共同研究 ……………………77〜79
国際倫理指針 ……………………17
国土交通省 ………………………104
告発 ………………………………108
告発者の保護 ……………………108
告発窓口 ……………………… 106, 108
国立大学法人 ……………………47
個人情報 ……………………… 16, 53
　──の守秘 ………………………17
　──の定義 ………………………38
　──の保護 ………………………37
個人情報保護法 …………………… 26, 38
ゴースト・オーサーシップ ………68
誇大広告 …………………………49
コード化 …………………………39
好ましくない研究行為 ……………51
コピペ ……………………………49
コミットメント・リーダーシップ … 102
コミュニケーション ……… 117, 118
コンサルタント料 ………………20
コンプライアンス ……………… 88, 102

さ行

再生医療 …………………………118
査読 …………………………… 21, 69, 97
査読者 ……………………………97, 99
サラミ出版 ………………………70

産学連携 …………………… 23, 53, 82
産業活力再生特別措置法………………58
ジェンダー ………………………… 6, 26
私学助成 …………………………47
資格制限 …………………………92
自己規制 …………………………121
自己点検システム ………………102
指針
　共同研究開発に関する独占禁止法上
　　の── ……………………… 82, 104
　ヒト ES 細胞の使用に関する── …33
　ヒト iPS 細胞又はヒト組織幹細胞か
　　らの生殖細胞の作成を行う研究に
　　関する── ……………………33
思想 ………………………… 26, 71, 117
子孫 ………………………………40
視聴者 ……………………………64
実験手法 …………………………50
実験データ ……………………… 40, 48
実験動物 …………………………26
実験ノート ………………… 41, 46, 79
実用新案権 ………………………59
実用新案法 ………………………59
指導教員 …………………… 81, 103
自発性 …………………………… 34, 36
事務担当者 ……………… 86, 87, 94
社会的信用 ………………………37
社会とのコミュニケーション ………64
社会との対話 ……………………117
社会の中の科学 ………………… 7, 117
社会への情報発信 ………………117
謝金 ……………………………… 37, 90
謝辞 ……………………… 16, 65, 71
ジャーナリスト …………………63
謝礼 ………………………………37
自由意思 ………………………… 32, 36
宗教 ………………………… 26, 119
取材 ………………………………63

受託研究 ……………………… 85, 88
出張旅費 ………………………… 91
出典 …………………………… 50, 73
守秘義務 ………………… 47, 52, 99
守秘義務契約 …………………… 54
種苗法 …………………………… 59
受容可能なリスク …………… 118
傷害保険 ………………………… 37
正直さ …………………………… 64
情報 ……………………… 22, 34, 37
職業倫理 ………………………… 49
助成機関 ………………… 46, 86, 92
署名 ……………………………… 42, 43
所有権 …………………… 46, 59, 79
自律性 …………………………… 97
史料 ……………………………… 40
資料 ……………………… 23, 40, 47
新エネルギー・産業技術総合開発
　機構 …………………………… 86
人格の尊重 ……………………… 32
シンガポール宣言 ……………… 9, 51
シングル・ブラインド制 …… 100
人権 ……………… 6, 17, 26, 104
　——の保護 ……………… 16, 18
審査結果報告書 ………………… 98
人種 ……………………………… 26
信条 …………………………… 26, 117
申請書（科研費の）…………… 16, 23
心理学 ………………………… 36, 37
ステークホルダー ……………… 25
ストックオプション …………… 20
正確さ …………………………… 5, 64
正義 ……………………………… 32
政策立案 ………………… 7, 116, 117
誠実性 …………………… 51, 99, 111
聖職者 …………………………… 119
生命倫理 ………………… 16, 32, 104
製薬会社 ……………………… 26, 68

誓約書 …………………………… 87, 88
世界医師会 …………………… 17, 32
世界保健機構 …………………… 24
責任ある研究 …………… 3, 31, 106
責務相反 ………………………… 20
説明 ……………………… 5, 32, 66
説明責任 ………………… 25, 51, 67
窃用 ……………………………… 50
善管注意義務 …………………… 92
善行 ……………………………… 32
先行研究 ………………… 14, 17, 70
専門職 ………………… 32, 106, 119
総合科学技術会議 …………… 104
草稿執筆 ……………………… 66, 71
相互評価 ………………………… 6
総務省 ………………………… 93, 104

‖た行

対応表 …………………………… 39
大学院生 ………………… 22, 49, 81
代諾者 …………………… 34, 36, 37
大量破壊兵器 ………………… 22, 24
ダブル・ブラインド制 ……… 100
地位 ……………… 6, 26, 36, 120
地球環境 ………………… 5, 14, 16
知財 ……………………………… 42, 53
知的財産権 …………… 16, 42, 58, 80
知的所有権 …………………… 20, 59
中立性 …………………………… 5
懲戒処分 ………………………… 93
直接経費 ………………………… 93
著作権 …………………… 20, 49, 71
著作権法 ………………… 49, 59, 72
著作物 …………………… 49, 59, 71, 72
著者 ……………………………… 66
著者リスト ……………………… 66
通報 …………………………… 88, 109
ディオバン事件 ……………… 48, 68

ディセプション ……………………36
適格性 ………………………………99
データ …………………… 3, 33, 44
　——の帰属 …………………………79
　——の収集 ……………… 40, 41, 79
　——の取得 …………………… 41, 66
　——の信頼性 …………………………41
データ管理 ……………………………26
デュアルユース …………… 23 〜 25
テロ ………………………… 22 〜 24
テロリスト …………………………22
転載 ……………………………… 49, 72
電子媒体 ………………………………46
同意 ………………………… 32, 40, 66
東京大学大学院医学系研究科・研究
　ガイドライン（実験系）……………79
統計解析 ……………………… 26, 49
投稿規程 ……………………………104
投稿論文 ……………………… 47, 98
動物実験 ……………………… 17, 26
動物の愛護及び管理に関する法律 ……26
動物を扱う研究 ………………… 6, 26
盗用 ………………………… 9, 46, 49
独占禁止法 ……………………… 82, 104
特定胚 ………………………………25
特定不正行為 ………………… 47, 67
匿名化 ………………………………39
特許 ………………… 20, 42, 53, 80
特許化 ………………………………53
特許法 ……………………… 58, 59
トランス・サイエンス …………… 118
鳥インフルエンザ …………… 23, 24
取引業者 ………………………………88

な行

ナレッジマネジメント ………………42
二次的著作物 …………………………72
二重出版 …………………… 69, 70, 100

二重投稿 ……………… 47, 52, 69, 70
二次利用 ………………………………72
日本学術会議 ……………… 3, 14, 119
日本学術振興会 …………… 86, 98, 108
日本学術振興会審査委員 ……………98
日本版バイ・ドール ………… 53, 58
日本物理学会行動規範 ………………47
任意 ………………………… 34, 66
捏造 ………………………… 9, 46, 48
捏造，改ざんおよび盗用 …… 46, 48, 51
農林水産省 …………………… 104

は行

バイアス ………………… 6, 36, 100
バイオセキュリティ ………… 24, 25
バイオセーフティ …………… 19, 25
バイオテロ ……………………………24
バイオハザード ……………………19
配偶者 ………………………………21
バイ・ドール法 ………… 42, 58, 82
ハイブリッド ………………………26
博士課程 …………………… 103
博士論文 …………………… 69, 103
ハラスメント ………………………81
ハンセン病 ………………………63
犯歴 ………………………………40
ピア・レビュー ………… 21, 97, 100
東日本大震災 ………………… 7, 117
被験者 ………………… 6, 32, 109
ヒトゲノム研究 ………………………37
人の尊厳 ………………………………32
人を対象とする研究 ………… 17, 31, 53
ヒポクラテスの誓い …………… 120
秘密保持 ……………… 53, 54, 109
秘密保持契約 ………………… 52, 53
不正 ………………………… 108
不正調査委員会 ………………………87
プライバシー ………………… 37, 40

ブラインド制 ……………………… 100
不利益 …………………… 6, 34, 108
プール金 …………………………90
プロフェッショナル …………119 ～ 121
プロフェッション ……… 32, 102, 120
分子生物学会 …………………… 108
文書化 ……………………………80
ペナルティ ………………… 87, 93
ベル研究所 ………………… 48, 100
ヘルシンキ宣言 …………… 17, 32
ベルモント・レポート …… 17, 32, 34
弁護士 ………………………… 119
編集委員会 ………………………98
編集者 ………………… 21, 69, 98
ベンチャー ………………… 53, 58
ヘンドリック・シェーン…… 48, 100
放射線 ………………… 18, 24
放射性物質 ……………………18
法令 …………………… 6, 17, 79
法令等の遵守 ……………… 6, 16
保管 ……………… 19, 26, 41
補償 ……………………………35
ポスドク ………………… 40, 107
ボランティア ……………………37
ボローニャ出版 …………………70

ま行

マス・メディア ……………… 63, 64
未成年 ……………………………35
民間からの助成金 ………………88
メディア ……………… 25, 52, 63
メンター ………………… 101, 102
メンティー ……………………… 101
モントリオール宣言 …………… 9, 15
文部科学省 ……………… 3, 47, 108

や行

薬害 ……………………… 116

薬事法 ……………………………49
輸出管理 ………………………22
輸出管理マネジメント室……………22
用途の両義性 …………………24

ら行

ラボノート ……………… 41, 42, 44
利益 ……………………… 6, 15, 34
利益相反 ……………… 19, 26, 49
　──の開示 ………………………99
利益相反委員会 …………………26
利益相反マネジメント ……………68
理解 ………………… 34, 35
利害の衝突 ……………… 26, 35
理化学研究所 ……………………77
リジェクト ………………………98
リーダーシップ ……………… 102
略語 ……………………………43
留学生 ……………… 15, 22, 23
両義性 ………………… 5, 23, 24
臨床試験 ……………… 26, 108
倫理 ……………………… 4, 17, 47
倫理綱領 …………… 14, 101, 104
倫理指針
　疫学研究に関する── ……………33
　ヒトゲノム・遺伝子解析研究に関す
　　る── ……………………33
　人を対象とする生物医学研究の
　　国際── ……………………17
　臨床研究に関する── …… 32, 33, 39
倫理審査委員会 ………… 17, 26, 105
ルール違反 ……………………90
連結可能匿名化 ………………39
連結不可能匿名化 ………………39
ロイヤリティ ……………………20
論文 ……………………… 5, 21, 48
論文著者 ……………… 52, 98
論文撤回 ……………………… 9

科学の健全な発展のために
― 誠実な科学者の心得 ―

平成 27 年 3 月 31 日	発	行
平成 28 年 1 月 25 日	第 6 刷発行	

編　者　　独立行政法人　日本学術振興会
　　　　　「科学の健全な発展のために」編集委員会

発 行 者　　池　田　和　博

発 行 所　　丸善出版株式会社

〒101-0051 東京都千代田区神田神保町二丁目17番
編集：電話(03)3512-3265 ／ FAX(03)3512-3272
営業：電話(03)3512-3256 ／ FAX(03)3512-3270
http://pub.maruzen.co.jp/

イラスト・赤塚朋子
組版印刷／製本・藤原印刷株式会社

ISBN 978-4-621-08914-9 C 3040　　　　　　Printed in Japan